ABEL GEORGE

LES

QUINZE NEVEUX

DE M. PLANCHON

❦

LIBRAIRIE DE J. LEFORT

IMPRIMEUR ÉDITEUR

LILLE | PARIS
RUE CHARLES DE MUYSSART, 21 | RUE DES SAINTS-PÈRES, 30

LES

QUINZE NEVEUX

DE M. PLANCHON

Gr. in-8°, 2° série.

Et si je ne veux pas que vous y touchiez ?

ABEL GEORGE

LES

QUINZE NEVEUX

DE M. PLANCHON

LIBRAIRIE DE J. LEFORT

IMPRIMEUR ÉDITEUR

LILLE	PARIS
RUE CHARLES DE MUYSSART, 24	RUE DES SAINTS-PÈRES, 39

1877

LES
QUINZE NEVEUX
DE M. PLANCHON

I

Le père.

L'histoire que je vais conter et qui commence en l'autre siècle, est d'hier. Je veux dire qu'entre les faits qui la constituent et le moment où je les écris, il y a eu juste le temps de me renseigner sur les détails et de terminer l'enquête préliminaire que tout historien consciencieux ne manque jamais de faire avant de tailler sa plume.

Est-ce donc de l'histoire ?

Est-ce plutôt une histoire ?

Ce sera ce que vous voudrez, mais l'enquête a été complète et m'a bien profondément intéressé. Si je remonte un peu haut, c'est que je ne puis m'en dispenser. Je serai court.

Avec les grenadiers d'Auxerrois envoyés par Louis XVI, en Amérique, au secours des Colonies anglaises révoltées, partaient trois jeunes soldats, simples grenadiers, qui venaient l'un de Limoges, le deuxième de Rocroi, le dernier de Boynes en Gâtinais.

Le premier s'appelait Jean-Baptiste Jourdan;

Le deuxième, Jean-René Moreaux;

Le troisième enfin, Jean-François Planchon.

Jourdan devait être comte d'Empire et maréchal de France; Moreaux, général en chef de l'armée de la Moselle; Planchon, rien, pas même caporal.

Trois honnêtes gens, parmi les honnêtes.

Quand je dis René Moreaux, je ne dis pas Victor Moreau, l'illustre général de Hohenlinden, tué à Dresde, dans l'escorte de l'empereur Alexandre de Russie. Entendons-nous bien, je parle de Moreaux, son presque homonyme, dont la probité n'a jamais été mise en question.

Comme ils étaient unis ces troupiers d'Auxerrois, et comme ils se promettaient monts et merveilles de cette campagne qu'ils allaient faire avec La Fayette et le vieux Rochambeau! Pour le moins, on revenait sergents tous les trois! Jean-François Planchon ne savait ni lire ni écrire; mais voyons, là, sérieusement, était-ce bien un obstacle?

Ils étaient si jeunes, si pimpants, si bien les fils des soldats de Fontenoy, qu'on pouvait leur pardonner leur excès d'illusion. Et leur entrain, Dieu merci, n'avait rien de la gasconnade vide et bruyante. Ils se battirent comme des lions, gaîment, sans souci de leur vie, coude à coude, avec une chance qui dura jusqu'à la bataille de Sainte-Lucie, en 1782.

Là tous les trois furent blessés plus ou moins grièvement, en faisant de leurs corps un rempart vivant qui sauva la vie de leur capitaine.

Ils revinrent au pays simples soldats.

Dam! aussi, pourquoi le hasard les avait-il fait naître gens de rien?

Ils ne s'en plaignirent pas; ils n'eurent qu'un regret, celui-là bien sincère et bien partagé, celui de se séparer peut-être pour ne se revoir jamais plus!

Jamais plus ? C'était trop dire. L'époque où le hasard allait prendre les allures de l'extravagance, allait arriver.

Dans la nuit du 25 au 26 juin 1794, un grenadier de trente à trente-deux ans, au quartier général de l'armée de Sambre-et-Meuse — un simple bivac, s'il vous plaît ! — faisait rôtir à la ficelle une volaille d'assez piteuse apparence, et marmottait de temps à autre entre ses dents :

— Pourvu qu'il ait le temps de souper, ce pauvre Jean-Baptiste ! La gloire, c'est joli, mais ça ne met rien dans l'estomac.

Et ce grenadier, autour des flammes du bivac, produisait un effet fantastique. Il allait et venait, tout équipé, bien entendu, comme il convient de l'être à une veille de grande bataille. Sa queue lui roulait sur les épaules, et son chapeau à claque, rejeté sur le derrière de la nuque, achevait de lui donner un air de démon. Son bras tendu qui attisait le brasier du bout de son sabre, complétait l'illusion.

On était le dos à la Sambre et la face à l'ennemi. Le prince Charles, qui commandait les Autrichiens, comptait bien jeter les Français dans la rivière. D'où il était, le grenadier apercevait les feux de l'ennemi. Certes, il n'avait guère peur, le brave ; mais comme cuisinier ordonnance, il tremblait que le chef pour lequel cuisait la volaille n'eût pas le temps de la manger.

Son impatience atteignait au paroxysme, quand un galop de chevaux se fit entendre en se rapprochant comme un vent de tempête ; puis le galop s'arrêta.

— Tu as compris, n'est-ce pas, Lefebvre ? fit une voix.

— Parfaitement, général.

— En effet, murmura le cuisinier du bivac, c'est le général. La poule est cuite à point.

Et la même voix qui s'était adressée à Lefebvre, continua :

— N'oublie pas que tu es la clef de la position.

— C'est dit.

— Tout l'effort des ennemis pèsera sur toi.

— Tu crois ?

— J'en suis certain.

— Eh bien, tant mieux !

— On essayera de te jeter dans la Sambre.

— Est-ce tout, général?

— Pourquoi?

— Parce que je n'ai pas encore déjeuné, quoiqu'il soit dix heures du soir.

Les deux généraux se serrèrent la main dans l'ombre et se séparèrent.

Le cuisinier, apercevant, dans la nuit claire, des ombres qui se rapprochaient de son bivac, se mit, avec son sabre, à la position du respect.

— Bonsoir, Jean, fit la même voix qui avait fait des recommandations au général Lefebvre.

— Bonsoir, général.

— Avons-nous de quoi souper?

— Hum! si j'en ai pour vous seul....

— Messieurs, fit le général en se retournant vers ses aides de camp, quand il y en a pour un, vous savez, il y en a pour six.

— L'imprudent! murmura le cuisinier, l'imprudent! Si le citoyen commissaire l'entendait dire *messieurs!*

Les aides de camp se retirèrent à un bivac voisin.

— Sers vite, Jean. Tu mettras deux couverts.

— Vous avez un convive, général?

— Oui.

Le couvert, c'était facile à dire, et le général en parlait bien à l'aise. On était là depuis quelques heures et les cantines venaient d'arriver. Jean mit deux assiettes sur une malle, de chaque côté de son rôti fumant, et se retira de quelques pas par un sentiment de déférence bien naturel.

Le général s'assit sur une caisse, devant sa table improvisée.

Pendant ce temps-là, Jean, se faisant un abat-jour de ses deux mains, fouillait l'ombre au loin de son regard inquiet.

— Jean, fit le général d'une voix très-douce.

— Général?

— Qu'attends-tu?

— Je regarde si le convive....

— Je n'attends personne.

— Mais ces deux couverts?

— Viens, mon vieil ami, viens. Le deuxième est pour toi. Il faut égayer cette veillée d'armes en parlant de nos vieilles campagnes. Allons, assieds-toi, tu vas découper. Te souviens-tu, hein? Là-bas, au bivac, comme ici, c'est toi qui te faisais notre pourvoyeur, notre providence.... Moreaux et moi, nous serions morts de faim, combien de fois, si tu n'avais pas été là?

— Ah oui, Moreaux... soupira Jean.

— Commandant en chef de l'armée de la Moselle, mon cher, rien que ça!

— Oh! tant mieux! Il le mérite bien!

— Vois donc un peu, si tu avais su lire!

— Moi, c'est différent, je ne demande rien.... que de rester auprès de.... vous, général.

Et la voix du vieux soldat tremblait d'émotion.

— Tiens, fit le chef, donne-moi la main!

— Écoute, lui dit le soldat, cette fois sans hésiter, écoute, Jourdan, je ne demande que ça, rester auprès de toi! Ta petite femme que j'ai vue dans sa petite mercerie de Limoges, ous c' que tu m'as envoyé le mois dernier, m'a prié, la bonne créature, de veiller sur toi. Elle pleurait, la pauvre petiote, et elle me prenait les mains en me disant qu'elle ne te reverrait peut-être plus.

— C'est convenu, je te garde. Mais, mange donc, mon vieux camarade.

— Ça m'étrangle, général.

Et Jean pleurait dans son assiette.

— Foi de Jean Planchon, comme on dit au Gâtinais, continuat-il, tu es d'une imprudence....

— Pourtant, comme général en chef de l'armée de Sambre-et-Meuse, j'ai l'exemple à donner. Et c'est toi qui es si brave, toi, l'intrépide, qui vas me prêcher la couardise!

— Oh! mais non; tu confonds, général.

— Alors, quoi?

— Tu sais ce qu'on a voulu te faire à Paris?

— Ah oui.... là-bas.

— On te surveille ici.

— Qu'importe ?

— Alors n'appelle pas tes aides de camp *messieurs*. C'est mortel, ça!

— Vieille habitude, Jean, vieille habitude!

— Et bien mauvaise!

— Bah! nous allons cueillir tant de lauriers et nous battre avec tant de crânerie qu'on nous pardonnera bien quelque petite peccadille. A ta santé, mon ami?

— A la santé de ta petite femme, général! c'est ce que tu as de meilleur dans ta vie, ça.

— Merci, mon vieux camarade. Je vais tâcher de lui faire demain un cadeau de ma façon....

— Mais le prince Charles... les Autrichiens à deux pas.

— C'est juste pour cela, mon vieux soldat. Il faut que demain soir elle soit l'épouse du vainqueur de Fleurus.

Et cela fut fait, comme Jourdan l'avait dit.

Grâce à des dispositions bien prises, grâce à l'indomptable énergie de Lefebvre et des autres divisionnaires, on gagna sur les Autrichiens la grande victoire de Fleurus!

Dans les premiers jours de février suivant, le brave et honnête Jean Planchon arrivait devant Luxembourg et demandait à remettre lui-même un message du général Jourdan, commandant en chef de l'armée de Sambre-et-Meuse, au général René Moreaux qui commandait le siège de la ville.

Ce message envoyé par un simple soldat parut tellement étrange qu'on arrêta le messager.

— Allez dire au général Moreaux, fit le soldat de Sambre-et-Meuse, que je m'appelle Jean Planchon, des Grenadiers d'Auxerrois.

— Mais, répondit-on, le général est malade sous sa tente.

— Raison de plus pour moi le voir.

On finit par céder, et bientôt, à l'étonnement de tout le monde, Jean Planchon de Sambre-et-Meuse fut admis sous la tente du général en chef de l'armée de la Moselle.

Le pauvre soldat fut atterré. René Moreaux, un des plus beaux hommes de l'armée française, n'était plus qu'un squelette, respirant à peine.

— Tu viens me voir mourir, mon vieux compagnon d'armes,
dit-il au visiteur d'une voix éteinte. C'est bien.

— Voyons! voyons! s'écria Planchon que le désespoir étran-
glait, on ne meurt pas pour être malade!...

— C'est fini, mon vieux camarade.... Tu seras.... Jourdan....
Moselle.... mes enfants....

Jean Planchon sortit en pleurant.

Quelques heures après, dans la nuit du 10 au 11 février 1795,
le général Moreaux expirait, laissant à son successeur la gloire
d'entrer dans Luxembourg dont il avait terminé le siége avant de
mourir.

Ce général en chef, qui avait eu à sa disposition toutes les ressources nécessaires pour mener à bien le siége d'une grande place,
fut trouvé nanti d'*un écu* de six livres!

Cinq années plus tard, nous retrouvons le soldat de Sambre-et-
Meuse à Boynes, son pays natal, un beau gros village, le plus
populeux, sans contredit, de tout le Gâtinais.

On traverse Boynes en se rendant de Montargis à Pithiviers,
à trois ou quatre lieues de cette dernière ville.

Jean Planchon n'était pas plus général ou caporal qu'à son retour
d'Amérique. Seulement à force de courir de champ de bataille en
champ de bataille et de guerroyer héroïquement, il avait gagné
dans la dernière campagne une magnifique jambe de bois.

Il va sans dire qu'il en était presque aussi fier qu'un autre eût
pu l'être de l'épaulette.

Le premier jour du siècle, il se maria.

Et comme le bon Dieu ne manque jamais de bénir les honnêtes gens et les bonnes familles, Jean Planchon compta les
années par un nouveau-né.

— C'est comme une taille chez le boulanger, disait-il en
souriant.

La taille porta sept marques, pas une de plus, pas une de
moins.

Mais quelles marques! sept beaux garçons, comme de mémoire
d'homme on n'en avait jamais vu dans le Gâtinais.

Malheureusement le dernier venu coûta la vie à sa mère.

Ces vieux soldats ont une philosophie toute spéciale, droite, raide, ne pliant jamais l'échine sous les plus rudes coups. Cela vient de la discipline implacable, du respect des chefs, des fatigues endurées, de la mort vue en face, de toutes les misères dont la somme compose la vie du soldat, et aussi, ne l'oublions pas, d'une nature bonne et généreuse.

Jean Planchon, malgré ses campagnes en Amérique, malgré les rudes campagnes du Rhin, n'avait rien perdu de sa candeur native et de sa première éducation chrétienne. Dans l'effroyable effondrement des croyances, il était resté croyant, n'ayant jamais eu l'idée que le bon Dieu eût eu peur de tout le tapage qu'on faisait contre lui et qu'il eût quitté la France.

A défaut de science, il avait le bon sens qui lui avait dit que les tempêtes n'ont qu'un temps et que le soleil, pour avoir un moment été voilé, ne disparaît jamais du ciel. Ces natures-là, dans l'ouragan des idées, ressemblent toujours au bouchon de liège dans la colère des vagues; elles sont ballottées, secouées, précipitées dans l'abîme entr'ouvert, mais elles surnagent toujours et reparaissent au sommet, dans les écumes bondissantes, mais à la lumière.

Tel était Jean Planchon.

La mort de sa femme lui fut une rude épreuve; mais, dès le lendemain, il se sentit assez fort pour que la douce nichée n'eût rien à souffrir du malheur commun. Ce vieux soldat avait dans le cœur des tendresses infinies, dans la voix des intonations caressantes, dans sa rudesse apparente une patience maternelle.

Il était tonnelier, comme beaucoup le sont à Boynes, et il avait tout le jour sa nichée dans les copeaux, dans un coin de sa boutique, la couvant des yeux, souriant, grondant, jasant avec elle, tout en cerclant ses tonneaux au maillet ou passant ses douelles à la colombe.

Il aimait pour deux et travaillait comme quatre !

A Boynes, on commençait fort à parler du dernier enfant de la Jambe-de-bois. Isaac, c'était le nom de ce petit dernier, au dire d'une grande commère qui se trouvait là par un hasard de voisinage, était arrivé dans ce monde avec une étoile à cinq rayons roses sur l'épaule, et ce signe qui n'a jamais menti, paraît-il, dans le Gâtinais, était profondément imprimé dans les chairs de l'enfant.

Autre phénomène qui ne manquait jamais d'accompagner la prodigieuse étoile : la mère était morte !

Isaac devait être un *marcou*.

Ce petit *marcou* ne pleurait ni ne riait comme les autres enfants. On lui trouvait toutes sortes d'étrangetés, et bien des gens enviaient le bonheur du père.

Un *marcou* dans une famille, n'était-ce pas une source de fortune. Ah ! allez ! la Jambe-de-bois avait eu sans doute le grand malheur de perdre sa femme, mais quel trésor la pauvre morte avait laissé dans la maison ! Comme l'argent allait arriver, et comme aussi le vieux soldat allait pouvoir remiser la colombe, se chauffer avec ses douelles et envoyer tous ses enfants à l'école à vingt-deux sous par mois !

Quelle chance ! Après ça, convenait-on, la Jambe-de-bois méritait bien pareille aubaine !

Et c'était à la maison du tonnelier comme une procession journalière de curieux et de commères qui demandaient à voir la belle étoile rose sur l'épaule de l'enfant.

— Que voulez-vous ? répondait Planchon que ces importunités ne parvenaient pas à mettre de mauvaise humeur, que voulez-vous ? Le petit est chrétien, fils de chrétien ; je m'imagine qu'il sera comme tous nous autres, si le bon Dieu veut qu'il vive.

— Mais il est marqué !

— Et puis ?

— C'est un prodige !

— C'est une marque de nature, voilà tout.

— Eh bien, vous verrez !

— Je suis bien sûr de ne rien voir.

— C'est un *marcou* !

— Vous croyez aux *marcous*, vous autres ?

— Par exemple !

Et tous les jours, les mêmes choses se répétaient. Je crois

même que si l'honnête père avait voulu céder son petit Isaac, il aurait trouvé partie prenante.

Qu'est-ce donc qu'un *marcou* ?

Il faut bien que je l'apprenne à ceux de mes lecteurs qui pourraient l'ignorer.

Un *marcou* est un prédestiné.

C'est un prodige assez rare, d'autant plus rare même que le bon Dieu n'envoie pas au premier venu sept garçons à la file, sans aucun mélange de fillettes, et que ces sept garçons, à supposer qu'ils arrivent dans une maison, ne restent pas tous vivants.

Dans ces conditions si rares de sept fils vivants, le septième est *marcou*, pourvu qu'il soit marqué : dernière et indispensable condition.

Alors il y a *marcou* bien authentique, et le prédestiné a le don de guérir à peu près toutes les maladies de ce bas-monde, et ce, sans études préalables, sans médicaments, avec un simple geste accompagné de quelque parole cabalistique.

Les cancers, les mauvais furoncles, les gangrènes, les panaris, les fractures d'os, les entailles dans les chairs, et bien d'autres maux, disparaissent sous le charme de cette parole et de ce geste mêlés.

Un vrai *marcou* rendrait des points à la Faculté de médecine et ne connaît pas les insuccès. Il a toujours dans sa biographie l'histoire anecdotique, mais vraie, d'un médecin célèbre qui, ne sachant plus à quelles pillules se vouer, est venu le consulter pour un cas grave et l'a proclamé son maître.

Isaac était donc un futur *marcou*, quand même son père ne le voudrait pas.

Naître septième et avec l'étoile, ce n'est point une vocation à laquelle on puisse se soustraire ; c'est une prédestination fatale. Le marcou doit guérir, comme le soleil luit, comme l'oiseau chante, comme la fleur embaume l'air.

Si la justice se met en travers, elle fait œuvre d'aveugle ; si les médecins crient, ce sont des jaloux.

Place au prédestiné !

II

La belle-mère.

J'ai parlé d'une commère, voisine de Planchon, qui, la première, avait dévoilé le secret de cette prédestination chez l'enfant du tonnelier.

Elle s'appelait Olympe Druvot.

Olympe était une vieille fille de trente-deux ans, grande, épaisse, hommasse, à la voix virile, au poing ferme : un grenadier de la plus belle venue.

Elle était l'aînée d'une famille à laquelle elle avait servi de mère. Mais quelle mère! Elle vous avait mené la marmaille à la baguette, en distribuant les gifles avec les morceaux de pain. Cœur sec et n'ayant rien ni de la mère ni même de la femme, elle n'avait eu qu'un but, se faire craindre ; qu'une pensée, se débarrasser au plus vite de ses pupilles. Aussi tout cela s'était dispersé sans idée de retour, loin de ce foyer retentissant de mauvaises paroles et de coups de pied.

Enfin pourtant, elle avait eu le mérite d'apprendre le travail à ses élèves et de leur donner de bonnes habitudes. Seulement son âme n'avait jamais vibré.

On disait dans le pays qu'elle était plus sèche que la vieille tour grise de l'église, et jamais personne n'avait reçu de ce tambour-major le moindre service cordial.

Ces natures-là sont heureusement rares, mais il y en a toujours trop.

Olympe n'était pas riche, mais on pensait qu'elle dissimulait un petit pécule. Elle faisait des ménages, allait en vendanges et épluchait du safran dans la saison. Elle prenait même, à l'automne, le tablier de cuir et raccommodait les futailles comme un vrai tonnelier.

Comme elle n'avait jamais fait parler d'elle, on était bien forcé de l'estimer, mais on ne l'aimait point.

Elle n'y tenait pas, elle n'aurait pas compris.

Voisine des Planchon depuis sept ans, Olympe n'avait jamais eu de relations suivies avec eux, pas plus qu'avec les autres. Elle avait parfois, dans les cas pressés, travaillé comme ouvrier dans la boutique du tonnelier; mais son salaire touché, c'était fini. Quitte à quitte. Tu as eu mon travail, j'ai eu ton argent; nous n'avons plus rien à nous dire; à une autre fois!

Tout le monde la connaissait ainsi; on la prenait pour ce qu'elle valait, et personne n'eût eu l'idée de lui demander un coup de main, soit pour tirer un sceau d'eau au puits banal, soit pour rentrer une futaille pleine.

On savait qu'elle eût refusé.

Aussi, comme on fut surpris, dans Boynes, quand on la vit éprise d'un amour tout maternel pour le petit Isaac, et lui prodiguer des caresses que les siens n'avaient jamais connues.

D'où venait cette tendresse sur le tard?

Notez bien qu'elle n'était ainsi que pour le petit dernier, et qu'elle regardait à peine les autres. Et cette passion de la vieille fille ne fit que s'accroître à mesure que grandissait Isaac.

Elle l'habillait, l'emmenait chez elle, le promenait dans le pays, le dorlotait, et il faisait bon voir ce grenadier revêche changer ses habitudes et devenir caressante!

A part cela, ses relations avec la Jambe-de-bois n'avaient point changé d'allures. Bonjour, bonsoir, et c'était tout.

Néanmoins, un jour qu'elle se trouvait seule avec le tonnelier dans sa boutique, elle lui dit avec l'aménité d'un boule-dogue:

— Qu'allez-vous faire de la marmaille?

— Ce qu'un père fait de ses enfants, les élever.

— Et après?

— Après ? je n'y ai point encore songé.

— Vous avez cinquante ans, n'est-ce pas ?

— Quarante-huit, au safran prochain.

— C'est tout comme. Vous êtes infirme, les sept enfants vous
prennent la moitié de votre temps; si vous venez à leur manquer,
vous leur laisserez peu de chose et ils resteront à l'abandon,
puisque vous n'avez aucun parent dans le pays.

— C'est vrai, aucun.

— Vous n'avez jamais songé à vous remarier?

— Moi ?

— Pas pour vous, mais pour vos enfants ?

— Non, jamais. On ne se remarie pas avec sept enfants.

— Pourquoi ?

—'Parce qu'on ne trouverait jamais femme assez folle pour se
mettre ainsi dans l'embarras.

— Qui sait ? Et si j'avais votre affaire ?

— Qui donc ? fit le vieux soldat.

— Regardez-moi, Planchon !

— Toi ?

— Dam! j'ai bien élevé les miens; pourquoi donc n'élèverais-je
pas convenablement les autres ?

— Vrai ?

— Oui, vrai.

— Je réfléchirai à ce que tu me dis, Olympe.

— Longtemps ?

— Dam! vois-tu, ma fille, quand on a eu pour compagne
une bonne et digne créature, et que cette compagne, la mère
de mes sept enfants, on l'a bien aimée, penses-tu qu'il n'y faut
pas regarder à deux fois avant de mettre une belle-mère à la place
de la vraie mère, une autre femme à la place de la chère morte ?

— Réfléchissez-y, Planchon. Vous arrivez à la cinquantaine, et
vos enfants sont jeunes.

— Jeunes, c'est vrai, se dit le tonnelier quand il fut seul,
mais ils n'ont pas l'air d'être malheureux, et peut-être vaut-il
mieux les laisser tels qu'ils sont plutôt que de leur donner une
belle-mère.

Néanmoins le cas était grave, et Jean Planchon n'osa pas prendre sur lui de décider la chose.

Il y avait à Boynes, depuis le récent concordat, un bon vieux curé qui prodiguait ses conseils à tout le monde, et qui particulièrement aimait la Jambe-de-bois, deux épaves de la révolution, l'une échappée à la guillotine, l'autre aux coups de sabre de l'ennemi.

Jean Planchon l'alla trouver pour le consulter.

— Je ferai ce que vous me direz de faire, lui dit-il. Vous avez plus de sagesse et de sens que moi.

— Connaissez-vous la personne ?

— A peu près. Elle a fièrement giflé les siens, allez !

— Mais elle en a fait de bons sujets.

— Pour ça, oui. Mais songez donc, monsieur le curé, comme ce serait dur pour moi de voir mes pauvres enfants battus !

— C'est peut-être une crainte chimérique. Après tout, je n'ai rien à vous conseiller, sinon d'attendre un peu.

— Nous attendrons.

Olympe sembla se résigner elle-même à la patience. Elle laissa passer les semaines et les mois sans reparler du mariage, mais elle témoignait une tendresse invraisemblable au petit *marcou*. Ce cœur fermé s'ouvrait à deux battants. Isaac recevait des friandises ; on lui mettait des collerettes de piqué blanc ; on paraissait vouloir qu'il n'y eût pas dans le pays un enfant plus cossu.

Jean Planchon se mirait dans son petit dernier, et tout naturellement il s'habituait à voir Olympe s'introduire dans sa maison.

L'habitude vint d'autant plus facilement que le pauvre père, qui était revenu privé d'une jambe et troué de balles, se ressentait vivement de ces horions héroïques et comprenait qu'il ne vivrait pas jusqu'à cent ans.

— Ma faction me paraît tirer à sa fin, dit-il un jour à son curé. Cependant j'ai confiance encore, car le bon Dieu a été père, et ne voudra pas faire sept orphelins d'un seul coup.

— Vous avez raison d'espérer.

— Après tout, qui peut savoir....

— Mon voisin, vint dire ce jour-là même la grande Olympe au tonnelier; avez-vous réfléchi ?

— Beaucoup, ma voisine, beaucoup.

— Alors ?

— Alors on ne se mariera pas.

— Sans indiscrétion, pourrais-je savoir pourquoi ?

— Parce que je me sens faiblir.

— Seulement pour cela ?

— Ça me paraît suffisant, ma fille; je ne voudrais pas te voir épouser la moitié d'un mort.

— D'abord, voisin, vous vous exagérez le mal que vous ressentez; ensuite vous n'auriez pas à vous reprocher de m'avoir trompée, puisque me voilà prévenue. Moi, je vous prends tel quel, non pas que je sois absolument folle de décoiffer Sainte-Catherine, mais je me sens capable d'élever vos enfants, et je les aime comme s'ils étaient miens.

La vieille fille manœuvra si bien pendant trois mois qu'elle finit par décider Planchon.

Et ce fut dans Boynes un concert de cancans. Les langues les plus aiguisées respectèrent la hautaine et sèche vertu d'Olympe ! mais comme on la blâma de se fourrer en une pareille galère. Un mari mutilé, sept enfants en bas âge et pas d'aisance ! Mais cette fille si avisée, si difficile en son temps, commettait tout bonnement une extravagance !

Le devoir des gens sages commandait impérieusement de l'arrêter en chemin.

Il est vrai que Planchon comptait presqu'autant d'amis qu'il y avait d'honnêtes gens dans Boynes; mais pourtant on lui donnait tort de se prêter au caprice d'Olympe.

— Dam! répondait la vieille fille à ceux qui tentaient de lui faire comprendre sa folie, je ne saurais épouser plus honnête homme. Ensuite, il a boutique sur la grande rue et, si je ne me trompe, il possède une des meilleures clientèles du pays. Je manie l'assette comme un homme, je monte un tonneau comme pas un; je pourrai donc travailler chez moi, ce qui vaut toujours mieux que de travailler chez les autres.

— Mais les sept enfants?

— Bah! les voilà grandelets. D'ici à quelques années, les trois
ou quatre premiers travailleront comme des compagnons, et ce
sera plaisir d'entendre cette musique de maillet, de l'assette et de
la colombe, et des chansons par-dessus le marché.

— C'est égal, répétaient les incrédules qui connaissaient sa
nature revêche, elle a pour se marier des raisons qu'elle
n'avoue pas.

Malgré tout ce qu'on put faire et dire, le mariage eut lieu,
sans enthousiasme chez les conjoints bien certainement, et de la
part du tonnelier, au moins, dans l'unique intérêt de sa belle
nichée.

Olympe ne tarda pas à retrouver ses vieilles habitudes de raideur et de vivacité. Pan! v'lan! pif! paf! les gifles éclataient
comme des pétards; les horions tombaient drus et serrés, et
toute la nichée piaulait, pleurait, se sauvait et se réfugiait dans
les coins.

— Me semble qu'on pourrait mieux faire, remarquait le
doux Planchon. Cette pauvre marmaille n'a jamais été malmenée
à ce point.

— Il ne leur manque rien, répondait Olympe; ils n'ont ni faim
ni soif; pas un trou ne se voit à leurs habits, et les richards du
pays n'élèvent pas mieux les leurs. Du reste, je n'ai pas autrement
fait pour les miens, et je défie qu'on m'en cite un seul sur les cinq
qui ait mal tourné.

— C'est égal, on n'a jamais tant giflé chez moi.

— Vous êtes un papa-gâteau!

Si les coups pleuvaient dans la maison du tonnelier, il est
pourtant juste de faire une exception. Le petit Isaac semblait avoir
ensorcelé sa belle-mère. Il grimpait sur les meubles, renversait les
verres pleins sur la table, répandait des copeaux dans la maison,
tirait la queue du chat et cassait les assiettes, sans attirer sur lui
le moindre coup de foudre.

Olympe lui passait toutes ses fredaines.

Une vraie mère n'aurait pas mieux fait. Quant aux autres, cela
se comprend. Le sentiment maternel, qui est fait de passion et

d'instinct, ne s'imite ni ne se contrefait. Ils étaient forcément des étrangers pour elle, et des étrangers désagréables.

Seulement, elle avait matériellement soin d'eux, non par tendresse, mais parce qu'elle était une femme d'ordre et qu'elle les tenait proprement comme son linge et sa vaisselle.

Planchon dut souffrir, le pauvre bon père, mais il n'en laissait rien voir. Sa femme avait pris dans la maison une autorité qu'il avait insensiblement acceptée et qu'il subissait comme autrefois la discipline, sans réclamation. Sa grande affaire de subordonné patient était de découvrir les méfaits des enfants, de les soustraire à la connaissance du dragon domestique, ou de s'accuser lui-même par un pieux mensonge, afin de sauver le coupable.

Au reste, la force morale s'éteignait doucement en son âme avec la vie. Depuis son mariage avec Olympe, il n'avait cessé d'aller de mal en pis, et moins de deux ans après, il s'éteignit en bénissant la jeune famille qui comprenait à peine le malheur dont elle était frappée.

La boutique ne cessa pas pour cela de bruire du bruit du maillet sur les tonneaux retentissants. La veuve continua de travailler pour la clientèle avec les deux aînés comme apprentis.

Et rien ne fut changé dans la maison de la Jambe-de-bois, sinon que la place du maître resta vide, et que les enfants, n'ayant plus de paratonnerre, reçurent quelques taloches de plus.

Isaac prenait ses huit ans; l'aîné en comptait quinze, et il arriva ce qu'il était facile de prévoir : c'est qu'à mesure que l'un des frères savait son métier, vite il détalait et s'en allait travailler soit à Givraine, soit à Saint-Loup, soit même à Pithiviers.

Quelques-uns mêmes, soit pour manquer de vocation, soit pour s'envoler plus vite, abandonnèrent l'assette et choisirent un autre travail, loin de la marâtre.

Quand Isaac eut treize ans, il ne restait plus un seul des six autres frères dans l'inhospitalière maison. On eût dit qu'un vent de tempête avait soufflé sur cette demeure et en avait dispersé les jeunes habitants.

Mais lui, le *marcou*, toujours choyé, toujours gâté, plus maître au logis que sa belle-mère, bon sujet néanmoins, fréquentait l'école et, quoique tapageur, y faisait des progrès rapides.

— Que veux-tu faire de ce garçon-là ? demandaient les voisines à la belle-mère. Tu l'élèves comme s'il devait avoir un jour mille écus de rente, et tu ne vois que par ses yeux.

— Lui, mille écus ? répondait Olympe en se redressant de toute sa hauteur. J'ai comme une idée qu'il aura davantage, le petit !

— Les Cosaques, en passant dans Boynes, auraient-ils oublié un caisson chez toi ?

— Vous le verrez bien.

Isaac continuait d'aller à l'école encore. Sa belle-mère, qui prenait de l'âge, semblait avoir retrouvé l'énergie de sa jeunesse, tant elle travaillait nuit et jour pour donner à son beau-fils toutes ses aises et lui passer toutes ses fantaisies.

Cependant vint un jour où ce garçon se trouva trop grand pour retourner à l'école au milieu de tous les marmots qu'il dépassait de la tête, et tout naturellement il voulut savoir à quoi sa mère le destinait.

— T'ennuies-tu donc avec moi ? demanda-t-elle.

— Pas précisément ; mais j'ai l'âge du travail.

— Eh bien, causons, mon Isaac. Tu as de l'instruction ; le hasard t'a créé pour une grande fortune....

— Moi ? interrompit le jeune homme.

— Oui, mon enfant, toi.

— Que faut-il donc faire pour avoir tant d'argent ?

— Rester ici.

— Et puis ?

— Prendre l'assette et cercler des tonneaux.

— Pourquoi n'êtes-vous donc pas devenue riche à ce métier ?

— Moi, c'est différent.

— Je ne comprends pas.

— Tu vas comprendre, Isaac.

— Je ne demande pas mieux ; seulement je vous avoue que le métier de tonnelier me sourit peu.

— C'est tout simple, puisqu'il n'est qu'un prétexte. Tu ne devines pas ?

— Pas du tout, mère.

— N'as-tu jamais senti en toi des idées étranges, des frissons dans ton âme et dans ton corps en rencontrant un infirme, un malade, un affligé de quelque vilaine maladie ?

— Jamais.

— Écoute, enfant, tu es prédestiné. Sais-tu ce que tu portes sur l'épaule ?

— Je vous en supplie, ne me parlez pas de ça.

— Veux-tu te taire, malheureux !

— Oh ! oui, bien malheureux, car vous voulez me parler de cette vilaine marque....

— De cette marque qui vaut une fortune.

— Et qui m'a valu bien des coups de poing, quand les autres à l'école me disaient que j'étais marqué à l'épaule comme un mouton de Berry. Et l'on se battait dans un coin, et crânement, allez !

— Mon fils, tu vas comprendre, cette étoile sur l'épaule est le signe de ta prédestination, tu es *marcou !*

— C'est vrai, mère, ils m'appelaient ainsi pour me faire enrager. Qu'est-ce qu'un *marcou ?*

— Un homme qui a le don de guérir tous les maux.

— Et je suis *marcou ?*

— Tu es *marcou !* c'est-à-dire que ta fortune est faite !

III

Le beau-fils.

Isaac, après cette explication, comprit un peu moins encore ce que la belle-mère avait voulu dire. Ce qu'il avait bien retenu, par exemple, c'est que la fameuse étoile, dont on semblait faire si grand cas, lui avait, pendant les années de son enfance, attiré mille désagréments, au point qu'il n'avait plus osé, lui, le libre enfant du village, se mettre en bras de chemise, comme ses camarades, dans les beaux jours de l'été.

Cette marque native, il l'avait prise en horreur, comme un bossu sa bosse, comme tout infirme son infirmité.

Et puis, *marcou*.... sérieusement, qu'est-ce que cela pouvait bien vouloir signifier ?

Guérir les maladies ?

Et comment, s'il vous plaît ?

Sans un médicament, sans une saignée, sans une herbe quelconque ?

Il eût au moins fallu pour cela sentir en soi quelque puissance intime, se manifestant par des signes auxquels on ne pourrait se tromper.

Et il ne sentait rien du tout. Il mangeait et buvait comme les autres, allait et venait, chantait, parlait, dormait, riait, travaillait, absolument comme tout le monde.

Où donc était le pouvoir mystérieux dont on lui parlait avec tant d'enthousiasme ?

Mais voyez l'influence d'une conviction profonde. La belle-mère lui répéta tant de fois qu'il était *marcou*, qu'il avait un don de nature, qu'il n'avait pas reçu l'étoile des privilégiés pour en rire et que ce serait mentir à sa destinée que de jeter à ses pieds ce qu'on tenait à la main, et tout était dit avec tant d'insistance et d'un ton si convaincu qu'il se laissa peu à peu envahir par cette pensée qu'il avait tort et que sa belle-mère avait raison.

Mais c'est égal, guérir ainsi !...

— Faudra toujours dire quelque chose ? fit-il avec un embarras visible.

— Trois paroles, une seule, répondit la belle-mère.

— Mais encore, laquelle ?

— Celle qui te passera par l'esprit.

— Et c'est tout ?

— Un simple signe suffirait.

— Alors, attendons.

— Oui mais, enfant, du sérieux !

Ceux de mes lecteurs qui n'ont pas eu l'avantage de connaître, n'importe sous quel nom, l'un de ces guérisseurs qui font, comme le disent les tribunaux, de la médecine illégale, vont peut-être crier à l'invraisemblance. Mais ce sera le petit nombre, si même il s'en trouve un seul; car j'ai rencontré dans tous les coins de la France des *marcous*, des rebouteurs, des bergers, des charlatans, des guérisseurs ordinairement plus recherchés que les vrais médecins.

Pour appuyer mon dire, au besoin je pourrais donner l'adresse et le nom d'un berger qui avait longtemps gagné trois cents francs par année dans les fermes et qui, trompeur ou trompé lui-même, se figura, le brave homme, avoir reçu d'en haut, sur le tard, le don de guérir.

En deux ans, il eut une clientèle formidable, mais venant de loin, car nul n'est prophète en son pays, et les gens des villages faisaient des gorges chaudes de son nouveau métier.

Lui paraissait ne pas entendre les quolibets. Il avait acheté un petit bidet noir comme la nuit, lui avait fait confectionner une large selle avec des peaux de mouton blanches, et endossait une vaste fourrure fauve, avec un bonnet d'astracan, soit l'été, soit

l'hiver; et dans cet accoutrement qui sentait son grand Albert,
s'en allait par les chemins, à dix lieues à la ronde, ne parlant à
personne et traversant les villages au pas de son cheval en sombre
mamamouchi.

Sa manœuvre dépassa même un peu le but, car on le prit en
certains endroits pour un sorcier.

Quand la justice eut par deux ou trois fois mis le nez dans ses
affaires, le crédit de cet homme ne connut plus de bornes; on
arrivait chez lui nuitamment par longues files, et l'argent dut pleuvoir
en louis d'or et en billets de banque, puisqu'en moins de dix ans
il acheta presqu'entièrement un village à cinq lieues de chez lui.

A qui la faute, s'il vous plaît?

Ces hommes sont-ils de si grands coupables?

Mais regardons-y de plus près. Que font-ils? D'abord ils savent
que le public est une mine éternellement exploitable.

Et ils l'exploitent.

Et ils le prennent par son côté faible. Il existe, en effet, dans
le monde une foule de malades imaginaires qui ne guérissent
jamais méthodiquement, auxquels il faut une médiation sortant
de toutes les lois connues. Au lieu de potions pharmaceutiques,
ils acceptent volontiers une extravagance.

Là est le secret du crédit dont jouissent les charlatans. D'ailleurs,
n'en déplaise même aux docteurs diplômés, la vraie médecine
elle-même doit la plus grande partie de ses réussites à l'action
bienfaisante et réparatrice de la nature. Telle guérison qui a fait la
fortune d'un médecin se fût peut-être accomplie en moins de temps
si les remèdes savants ne l'eussent point retardée.

Or, si les docteurs bénéficient de l'aide discrète de la nature,
pourquoi les guérisseurs n'auraient-ils pas le même avantage?

On aura beau poursuivre les faux médecins, les condamner à
l'amende, et les jeter en prison, se moquer de leur crasse
ignorance, tant que la médecine officielle, lettrée, savante, ne
sera guère autre chose qu'un tâtonnement, les *marcous* lui feront
une rude concurrence.

Après tout sont-ils les seuls qui puisent dans la bourse du
public?

Sont-ils les seuls charlatans sous le soleil ?

Et les mauvais livres ?

Et les journaux pervers ?

Et les prêcheurs de fausse morale ?

Tout bien pesé, j'aime encore mieux consulter pour la moindre chose un imbécile qui ne m'empoisonnera pas et qui me fera sourire, que de lire une œuvre bête et malsaine.

Je reviens à mon bel Isaac, le *marcou* malgré lui.

J'ai dit qu'il avait à son insu, peu à peu subi l'influence de sa belle-mère et que l'idée de guérir ses semblables ne lui paraissait plus sous un jour aussi désagréable. Il faut ajouter, pour tout dire, qu'il avait encore des raisons personnelles dont il ne fit part à personne, raisons qui précipitèrent sa détermination.

Ses frères travaillaient au loin, les uns gagnant bien leur vie, les autres moins bien, tous bannis par la belle-mère du foyer paternel où ils ne revinrent jamais.

Isaac les voyait en cachette par-ci par-là, quand une occasion lui permettait de s'absenter. Mais comme il était peiné, le pauvre enfant, de ne pouvoir aider ceux que visitait la misère ! Il avait bien son argent de poche, mais c'était bien peu pour subvenir à de grands besoins.

Plusieurs fois, il avait essayé de ramener la belle-mère à de meilleurs sentiments à leur égard, mais il avait trouvé une détermination irrévocable.

— Alors, se dit Isaac, soyons *marcou !*

L'idée lui venait bien parfois de quitter la maison qu'on fermait à ses frères et d'aller gagner son pain ailleurs, mais à quel travail ?

Il n'avait aucun métier dans la main. Donc aucun moyen de prêter aide à ceux de ses frères qui n'avaient pas réussi.

Aussi, s'arrêta-t-il à l'idée de guérir les crédules.

Isaac était bien un privilégié. Ses trois premiers clients guérirent comme par enchantement, et ce triple succès lui fit une vogue énorme d'un bout à l'autre du Gâtinais. On venait de Beaune-la-Rolande, on venait de Bellegarde, on venait de la

forêt d'Orléans, de Pithiviers, de Ladon, de Puiseaux et de plus
loin encore. Les médecins les plus proches étaient à quatre
lieues de là, peu nombreux, riches, assez occupés, et ne son-
geaient guère à le dénoncer; quelques-uns mêmes lui envoyèrent
des malades.

Au surplus, pour intenter des poursuites contre le *marcou*
de Boynes, il eût fallu que cet heureux opérateur demandât des
honoraires ou prescrivît quelques remèdes composés.

Rien de tout cela. Il avait pour pharmacie son petit bout
de jardin dans lequel poussait librement l'herbe, et c'est là
qu'il s'approvisionnait. Une feuille de chiendent, un capitule de
camomille sauvage, une tige de mercuriale, une fleur de liseron,
une goutte de lait de réveille-matin, que sais-je encore? formaient
toute sa matière médicale. Parfois même il se contentait d'une
pincée de terre ou d'une feuille sèche apportée par le vent des
jardins voisins.

Seulement, il n'avait pas cru devoir prononcer les paroles
amphigouriques dont abusent les *marcous*. Il ne parlait jamais;
il remuait seulement les lèvres où passait un souffle.

J'ai étudié quelque peu la médecine, j'ai l'honneur d'avoir
pour amis des médecins en renom; j'ajoute que le corps mé-
dical, à part les crétins qui se fourrent partout, comme les
vers dans les plus beaux fruits, représente une somme de
science que vous ne trouverez nulle part ailleurs dans les
professions libérales.

J'avais besoin de faire ces aveux, pour qu'on me par-
donnât l'énormité que je vais dire.

La voici toute crue :

Prenez un médecin, mais un vrai, quelque chose comme un
puits de science, pour lequel n'ont plus de mystères ni l'anato-
mie, ni la physiologie, ni la pathologie, ni rien de ce qui
constitue le grand praticien.

D'autre part ramassez dans les ombres de l'ignorance un rebou-
teur, un guérisseur absolument illettré.

Puis placez-les dans la même ville et laissez-les travailler pendant dix ans à la guérison de leurs semblables. N'oubliez pas que

le docteur a de l'ordre et fait rentrer ses honoraires avec le plus grand soin, tandis que le *marcou* ne demandera jamais un centime à personne.

Au bout de dix ans, faisons l'inventaire de nos deux hommes et des deux situations.

Pourriez-vous me dire d'avance quel est le plus riche? Je le devine, moi ; ce n'est pas le médecin.

Quant aux cas de guérison, je parierais pour le *marcou*.

On me répondra que le public est idiot, mais je n'ai jamais dit le contraire.

Olympe avait pris un air de prophétesse et de sibylle qui contrastait avec les allures simples et naturelles d'Isaac. En deux ans, elle économisa de quoi acheter à l'extrémité de Boynes, du côté de Ladon, sur le grand chemin qui devait un jour devenir la route de Montargis, une maison d'une certaine apparence avec un grand jardin. Cet immeuble avait bien coûté huit mille francs par-devant notaire, et avait été payé comptant le jour de la signature de l'acte.

La belle-mère du *marcou* savait calculer et prévoir. En isolant sa résidence, elle se soustrayait aux cancans de chaque jour et faisait le mystère autour de son petit commerce. Outre la porte bourgeoise qui ouvrait sur la rue, il y avait au fond du jardin, sous une charmille, une porte qui donnait sur les champs. De sorte que, dans le cas d'une alerte, peu probable, mais possible, on pouvait s'en servir pour faire disparaître les clients.

En attendant, on se mettait du pain sur la planche de la vieillesse. Isaac étant encore mineur, l'acquisition s'était faite au nom seul d'Olympe.

Et la veuve devenait une dame du pays. Elle n'allait plus en journées ni pour faire les lessives, ni pour réparer les tonneaux. Si elle n'avait pas osé prendre la toilette des dames de Pithiviers, elle n'avait au moins sur elle que du cossu, des robes du plus beau mérinos en hiver et de soyeuses mousselines de laine en été, et des dentelles au bonnet, et des broderies aux manches, et des bas blancs, et des mouchoirs de batiste, et ces mille riens qui dénoncent l'aisance.

Après la femme du notaire, c'était elle !

Et la fortune n'en était encore qu'aux premiers sourires.

— Dans dix ans d'ici, nous marcherons les premiers dans Boynes ! disait-elle une fois au *marcou*.

Et sa voix, à laquelle elle mettait des sourdines, avait des vibrations métalliques. On eût dit une musique de lame. Ce n'était que l'émotion contenue de l'ambition satisfaite.

— Il va pourtant falloir songer que j'ai des frères qui souffrent, répondit Isaac.

— Tu ne leur dois rien, n'est-ce pas ?

— Pardon, je leur dois d'être *marcou*.

— Comment ça ?

— Mais s'ils n'étaient pas venus au monde avant moi, je ne serais pas arrivé septième, c'est-à-dire *marcou*.

— Joli raisonnement, ma foi !

— Je ne dis pas, mais je ne veux pas les voir souffrir plus longtemps. J'ai besoin de cinq cents francs pour l'aîné.

— Un chenapan !

— C'est mon frère, ma mère !

— Un mauvais sujet !

— En tous cas, ce n'est pas à nous de le dire.

— Tu n'auras rien !

— Comment, rien ? Mais, permettez, il me semble que....

Et ce discipliné, en rupture de soumission, n'osa pas achever sa phrase.

— Isaac ! pas de vilaines paroles ! Nous avons une belle balle à jouer, mon enfant, ne nous occupons pas des autres et n'embarrassons pas notre vie d'une pitié qui nous coûterait les yeux de la tête. Cinq cents francs ! mais tu ne sais donc pas ce que c'est ? Comme on voit bien que l'argent te coûte peu !...

— En effet, quelques feuilles d'herbe. Il me faut cinq cents francs, ma mère !

— Tu n'auras pas un sou !

— Il me faudra cinq cents francs d'ici à deux mois, ma mère !

— Insensé !

— On ne se refait pas, j'ai des frères qui souffrent, et je veux les secourir.

— Idiot !

— Vous pourriez peut-être bien avoir raison, Madame, car je travaille ici sans compter !

— Tu vas m'insulter chez moi ?

— En effet, la maison vous appartient.

Olympe avait un chandelier à sa portée ; elle le prit et le tordit dans sa puissante main. Si, dans sa colère de déesse offensée, elle n'eût pas craint de tarir la source de sa fortune, elle eût pris Isaac à la gorge et l'eût secoué comme un géant une paille.

Oh ! comme elle se contenait pour ne pas éclater à la façon de la foudre qui casse et qui broie ! En face de ce révolté, comme elle sentait revenir sa vieille et formidable énergie ! Ce garçon de vingt ans, qui osait la braver ! Ah ! comme elle l'eût écrasé sous ses doigts de fer !

Mais aussi, c'était la poule aux œufs d'or !

Elle lui pardonna sa demi-révolte et consentit à donner quelques centaines de francs à ceux des frères d'Isaac qui se trouvaient dans le besoin.

Le jeune *marcou* n'était point méchant. Cette largesse de la belle-mère lui inspira le regret d'avoir été quelque peu dur envers elle. Comme cela ne manque jamais d'arriver aux bonnes natures, il se montra plus soumis et meilleur qu'auparavant.

Olympe avait la prévoyance de ceux qui savent faire leurs affaires. Quelques mois avant la majorité de son pupille, elle acheta cinq ou six pièces de terre, toujours à son nom seul, cela va sans dire, et le jeune homme ne souffla pas mot.

Mais il avait dans l'âme, et bien malgré lui, le sentiment d'être exploité.

Comme il allait bientôt pouvoir travailler pour son compte, il cherchait à se débarrasser de cette mauvaise pensée, se disant qu'il rattraperait bientôt le temps et l'argent perdus.

Cependant il voulut faire pour ses frères une part quelconque sur ses recettes et ramena sa belle-mère sur ce sujet.

— Ecoutez, lui dit-il; je crois que nous sommes faits pour vivre ensemble longtemps, il serait donc insensé de nous faire la vie dure. Nous nous entendrons toujours, si vous le voulez bien.

— Tu nous ruineras avec tes frères, Isaac!

— L'argent nous arrive à flots.

— Voyons, mon fils, nous leur avons abandonné déjà le prix de la maison paternelle.

— Une obole!

— Ils mangeraient les revenus du royaume!

— N'importe; ils auront dix pour cent sur nos recettes.

— Jamais!

— Mettons huit....

— Rien!

Et cependant la belle-mère ne savait pas une chose qui venait de se passer entre ces frères auxquels Isaac ne pouvait songer sans attendrissement.

Aux environs de Paris, et même au loin, dans la Brie et dans la Beauce, il court chez l s paysans un préjugé qui veut que les coqs pondent à certains moments, quand un malheur, par exemple, doit arriver à la famille, et que de ces œufs il naît un serpent.

Un serpent fils de la poule! une couleuvre fille du coq! L'horrible sortant du beau, le rampant venant de ce qui chante et qui vole!

C'est, en effet, bien inexplicable.

Un phénomène analogue allait avoir lieu dans la famille Planchon. Vous vous rappelez la Jambe-de-bois? Une bonne et brave pâte d'homme, un doux chrétien qui n'avait fait de mal à personne, un père dévoué qui s'était, comme on dit, ôté le pain de la bouche pour que ses enfants eussent meilleur part.

Eh bien! comme les coqs des mauvais jours, il avait mis au monde des serpents.

Pas tous assurément, mais ceux qui n'étaient pas couleuvres, le devinrent par les autres, et les six frères d'Isaac, dont quelques-uns n'avaient pas besoin de faire le mal pour vivre honorablement, s'entendirent comme larrons en foire, et ne pouvant se faire grands

seigneurs comme le plus jeune, essayèrent de le faire pauvre-diable
sur leur modèle.

Ceux qui avaient reçu l'argent fraternel du *marcou*, furent les
plus chauds promoteurs de cette idée.

Mais comment s'y prendre ?

On y songea d'abord, et vous savez que la couleuvre qui veut
mordre trouve toujours le placement de son venin.

Détourner les malades du chemin qui menait chez leur jeune
frère, il n'y fallait point penser. Calomnier le *marcou*, c'était
ridicule; personne n'eût cru les calomniateurs.

Attendez donc. N'y avait-il pas à Pithiviers un procureur du roi
chargé de poursuivre ceux qui se permettaient d'exercer illégale-
ment la médecine.

Un des frères alla le voir, et le bon apôtre trouva, pour son
abominable démarche auprès du magistrat, une raison que ni vous
ni moi n'aurions trouvée. Ne s'avisa-t-il pas de dire au procureur
que les six frères avaient le devoir de veiller sur l'honneur de la
famille et que le *marcou* déshonorait un nom que leur commun
père avait laissé sans tache en mourant.

Le jour où le magistrat écrivit au *marcou* pour l'inviter à passer
dans son cabinet, Isaac prenait sa majorité.

Le matin même, il avait eu quelques mots avec sa belle-mère
à l'occasion des frères qu'il eût été bien heureux de réunir à sa
table et de fêter avec eux ses vingt-un ans.

La belle-mère employa, pour lui résister, une arme nouvelle
et toujours puissante chez une femme : elle pleura.

— Après tout, dit Isaac, je suis libre de les voir un peu
plus tard, ne nous taquinons donc pas pour eux.

Et la vieille Olympe pleurait toujours.

— Enfin je n'ai rien dit! fit Isaac désolé.

— Je ne dis pas.... mon enfant, mais j'ai du chagrin. Tu prends
aujourd'hui tes vingt-un ans, tu es maître de ta personne et de
tes gains; les pièces de cent sous vont te griser et tu voudras
peut-être me quitter.... Je m'aperçois déjà que tu tiens moins
à moi qui suis pour beaucoup dans ta réussite qu'à tes frères qui
ne demandent pas mieux que de te ruiner.

— Je ne disais rien de vous, ma mère; j'avais seulement l'idée de réunir mes frères, ce qui n'a rien de bien étrange. Du moment que cette idée vous contrarie, n'en parlons plus.

— Ecoute, Isaac : je vieillis, je porte comme vous tous le nom de ton père; tu ne voudrais pas me voir traîner mes dernières années dans l'isolement et l'abandon! Faisons un marché.

— Lequel ?

— Tu sais que je m'entends à t'amener la clientèle et à te faire une réputation, n'est-ce pas ?

— Je le reconnais.

— Tu m'as reproché d'avoir acheté en mon nom....

— Je vous ai fait mes excuses, interrompit Isaac.

— Voici donc le marché que je te propose. Je commence par faire un testament en ta faveur. De ton côté, tu t'engageras à me garder auprès de toi. Oh! ne crains rien; je sais qu'un jour ou l'autre tu te marieras....

— Peut-être avec la giberne.

— Tu auras un bon numéro, mon ami.

— Le dernier, peut-être, fit en riant le *marcou*.

— Tu n'es pas un demi-prédestiné. Au reste, j'ai mis en réserve une somme suffisante pour te racheter. Tu te maries donc, et tu crains que je ne laisse pas ici, pour ta femme, une assez grande place. Détrompe-toi, je me ferai si petite, si peu embarrassante qu'on s'apercevra bien à peine que je suis chez toi. Je ne me montrerai que pour te procurer des malades et t'aider à gagner de l'argent à pleines mains.

— Nous resterons ensemble, et c'est d'autant plus facile à faire que je songe moins à me marier.

Olympe n'avait pas achevé, mais elle hésitait à dire le reste.

— Marie-toi ou demeure garçon, le marché n'en est pas moins faisable dès maintenant.

— Soit, il est conclu.

— A cela près que j'ignore dans quelle proportion tu veux me faire entrer en tes bénéfices....

— Restons d'abord ensemble, et pour le surplus, nous verrons.

A quelques heures de là, comme je l'ai dit, arrivait la missive du procureur du roi.

— Ce petit bout de papier, dit Isaac, pourrait bien être le commencement de la fin.

IV

Le procureur du roi.

A cette époque, la justice était débonnaire et le magistrat, chef du parquet, se trouvait être justement un homme affable et très-doux au pauvre peuple.

— J'ai sur votre compte, mon ami, dit-il au *marcou*, des renseignements très-favorables. Je vous aurais laissé probablement exercer en paix votre profession de guérisseur à Boynes, où il n'y a pas de médecin, si vous n'aviez été dénoncé. Etes-vous mal avec vos frères.

— Oh! Monsieur!

— Avec aucun?

— Nous sommes tous unis comme les doigts de la main.

— Vous en êtes bien certain?

— Absolument, Monsieur.

— Vous demandent-ils de l'argent parfois?

— Je n'attends jamais que les plus besogneux tendent la main. On est frères ou on ne l'est pas!

— Enfin, mon devoir m'oblige à vous défendre de recevoir chez vous aucun malade.

— Même gratis?

— Je sais que vous ne demandez rien à personne, ni aux pauvres ni aux riches. On m'a même raconté qu'un jour vous avez mis dans la main d'une pauvre femme, qui vous consultait, une pièce d'or que vous laissait un riche client qui se trouvait chez vous en même temps qu'elle. Mais vous n'êtes pas seul, et vous jouissez d'une intendante, d'une caissière avide, âpre au gain, qui n'a jamais eu votre désintéressement.

Isaac regardait le magistrat avec la naïve curiosité d'un enfant. Il avait envie d'interroger à son tour, mais on sentait qu'il n'osait le faire.

Seulement il ne put s'abstenir de revenir sur le fait de la pièce d'or et de dire :

— Sauf votre respect, Monsieur, pourriez-vous me dire si la personne riche dont vous parlez et qui sans doute vous a raconté l'histoire, a été bien, mais bien guérie?

— Je le crois.

— C'est que....

— Oh! oui, c'était grave, très-grave.

— Un anthrax malin, arrivé à son plus haut période. Je me rappelle bien. C'était la mort dans les vingt-quatre heures, peut-être dans un moindre délai. Ce jour-là, par exemple, en face d'une mort imminente, j'ai fait de la chirurgie. Je savais bien que le malade guérirait; mais comme il n'est pas revenu, je craignais que son cou ne portât la trace de l'opération. Si je me suis trompé, tant mieux.

— Allez, mon ami, le malade vous a gardé les meilleurs sentiments de gratitude. Malheureusement vous n'avez pas le droit d'être utile aux souffrants, et je vous engage à vous abstenir. Épargnez-moi le chagrin de vous poursuivre.

— C'est que.... j'ai ma vieille mère!

— Votre belle-mère est une fourmi prévoyante.

— Et je soutiens ceux de mes frères qui n'ont pas eu la chance de réussir.

— Alors faites-vous médecin pour de bon.

— J'y songerai.

Isaac, après avoir salué, se retira.

— Ou je me trompe fort, se dit-il, ou mon homme au charbon n'est autre que monsieur le procureur du roi. Il est bien guéri, car il n'a gardé au cou qu'une rougeur à peine visible, le cher homme.

En arrivant à Boynes, Isaac trouva sa belle-mère dans une

3

anxiété mêlée d'une colère sans pareille jusqu'à ce moment,

— Eh bien, s'écria la terrible femme, ont-ils réussi ?

— Qui, ceux-là ?

— Tes excellents frères !

— A quoi donc auraient-ils réussi ?

— Oh ! j'en sais de belles, va ! Sais-tu qui t'a dénoncé ?

— La rumeur publique, je suppose.

— Eux, mon Isaac, eux-mêmes, tes frères !

— Où donc avez-vous ramassé cette calomnie ? Qui donc veut les déshonorer ?

— Eux-mêmes le disent tout haut ; ils s'en vantent !

— Nous le saurons.

Isaac, sans en dire un mot à sa belle-mère, essaya de s'expliquer pourquoi le procureur lui avait parlé de ses frères avec une certaine insistance.

Dès le lendemain, n'y tenant plus, il voulut savoir ce qu'il y avait de réel dans ce qu'on disait d'eux. Il partit donc, le bâton de voyage à la main, dans les plus prochains villages où il devait rencontrer quelques-uns de ses frères.

Et lui si bon, si cordial, si généreux, rentra le cœur brisé....

C'étaient bien ses frères qui l'avaient dénoncé au parquet !

Horreur ! des frères ! les fils du brave et loyal Planchon !

— C'est vrai, se contenta-t-il de répondre à sa belle-mère qui l'interrogeait.

— Alors que vas-tu faire ?

— Que sais-je ?

En effet, à part son métier de *marcou*, le jeune homme n'avait rien à faire en ce monde. A l'âge où chacun, plus ou moins grandement, a fait sa place au soleil, lui voyait toutes les carrières fermées devant lui.

Il ne savait aucun métier.

Les demi-bourgeois, qui ne sont ni chair ni poisson, forment l'immense groupe diffus des déclassés. Le préjugé veut à notre époque et dans notre intelligent pays, qu'avec une teinte de savoir et l'habitude de porter un paletot, on ne puisse s'adonner aux travaux de l'agriculture. Quiconque a bredouillé *rosa*, la rose, ou fait connaissance avec l'orthographe, ou mis une bonne fois des gants de chevreau, se déshonorerait à ses propres yeux s'il armait ses blanches mains d'une bêche ou d'un hoyau.

L'Evangile veut que le royaume du ciel appartienne aux pauvres d'esprit; le préjugé, qui durera plus que nous tous, va plus loin que le divin livre : il prétend laisser la terre, le bois, le blé, la charrue et la herse à ceux qui ont déjà le ciel en partage.

Aussi la société moderne a-t-elle inventé des situations qui n'en sont pas en faveur de ses déclassés. Elle a inventé le comptoir du marchand de vin et l'appareil du photographe.

Et je ne compte ni les arpenteurs, ni les architectes, ni les hommes d'affaires, ni les autres parasites qui vivent de leurre et d'audace, à côté des gens honorables exerçant ces honnêtes professions.

Isaac n'avait pas même la ressource de raccommoder les vieux tonneaux. Il n'avait jamais ni lié un cercle, ni manié l'assette. Travailler à la vigne ou au safran, il n'y fallait pas songer. N'est pas vigneron qui veut. Pour ce métier rude, il faut des reins dès longtemps assouplis. Quant à cultiver le safran, le *marcou* qui avait un vieux dictionnaire de l'Académie, y avait lu que *safranier* signifie *misérable*.

Triste enseigne du métier !

Que voulez-vous ? Dans ces conditions, il continua de recevoir les malades, avec mystère d'abord, puis ouvertement, et sa belle-mère vit encore de beaux jours et de jolis honoraires.

Elle devenait d'une âpreté odieuse et semblait peser le pain que mangeait Isaac. L'argent, qui rentrait par sommes rondelettes tous les jours, disparaissait comme par enchantement.

Les frères qui s'étaient eux-mêmes fermé la bourse du *marcou*, ne s'en tinrent pas là. Ils réitérèrent leur plainte au parquet, et nous allons voir arriver deux gendarmes à Boynes avec un mandat d'amener.

Isaac venait d'avoir, par un très-haut numéro, la chance d'échapper à la conscription. Les gendarmes furent la contre-partie de ce bonheur.

— Nonobstant ce, dit le plus âgé des deux, vous avez perdu

dans monsieur le procureur du roi votre meilleur appui. L'âge
l'a mis à la retraite. Un brave et digne homme de moins. Le
successeur nous envoie ici avec l'ordre de vous emmener.

— Pour me mettre à l'ombre ?

— Dubitablement; mais vous serez bien traité.

— Vous m'emmenez à pied, devant vous, comme un malfaiteur ?

— Il y aura nonobstant moyen de s'arranger.

— Arrangeons-nous et partons.

— Avec votre permission, continua le vieux gendarme, un
bien brave homme, j'aurais un mot à vous dire.

— Je suis à vos ordres.

— Vous qui guérissez tout, vous devriez bien me dire, avant
qu'on se perde de vue, ce qui me tient dans les reins et qui
m'empêche souvent de monter à cheval. Le médecin, qui est
M. Ganard, un célèbre, me dit que j'en ai pour le reste de la
vie et que je pourrais bien un jour ou l'autre avoir l'oreille coupée,
c'est-à-dire être mis à la réforme comme un cheval de régiment.
On a femme et enfants, ce qui demande la solde entière. Tenez,
c'est là dedans que ça me tient.

Et le gendarme enleva son baudrier.

— Mais, fit Isaac, vous venez me prendre, il me semble,
pour avoir guéri les gens qui souffrent ?

— Un de plus, un de moins! Et vous savez bien que je ne
vous dénoncerai pas.

— Pendant qu'on y est, fit l'autre gendarme, j'ai à vous faire
voir cinq ou six trous que les balles m'ont faits sur le cadavre
et qui me font mal. Et puis je crois bien que j'ai dans l'épaule
ce qu'ils appellent un rhumatisme. Ça ne vous coûtera pas davantage. Faut-il ôter le harnais ?

— En ce moment, vous me prenez au dépourvu, mes bons
amis. Emmenez-moi d'abord, je vous guérirai là-bas.

Olympe, qui était sortie dans le village, rentra en courant. Elle
avait entendu dire que les gendarmes étaient entrés chez elle.

Elle jeta des cris de paon.

— Ne vous effrayez pas, lui dit doucement Isaac; je m'en

vais avec ces messieurs à Pithiviers où l'on me demande.

— Et on vous le rendra bientôt, ajouta le vieux gendarme.

Puis, comprenant le scandale qui allait résulter de cette arrestation en plein jour, le bon militaire engagea le *marcou* à prendre les devants pour traverser le pays.

— Au fait, répondit le jeune homme, il me plaît assez de m'en aller avec vous. Je vais passer devant deux cents personnes que j'ai obligées, peut-être plus. Quelques-unes au moins seraient mortes si elles n'avaient pas eu mes soins. Vous verrez comme moi comment et combien le public est reconnaissant du bien qu'on lui fait. Mère, je n'ai pas un sou dans ma poche.

— Tiens, fit Olympe en lui mettant avec hésitation dix francs dans la main; tu ne t'en vas point au bout du monde.

— Partons, Messieurs! dit Isaac.

Le *marcou*, quoique jeune, connaissait son monde. Il y eut sur son passage, non pas deux cents, mais bien mille personnes dont la plupart avaient aux lèvres un sourire méchant. Un vieillard seul, qui avait été l'ami du vieux Planchon, serra la main du jeune homme et lui souhaita la bonne chance.

Puis les gendarmes et le prisonnier disparurent au loin sur la route de Pithiviers.

C'était la fin.

On ne vit pas revenir le *marcou*.

Que devint-il?

Le procureur du roi qu'il avait autrefois guéri d'une maladie charbonneuse et qui n'avait pas quitté la ville, intercéda pour lui auprès du nouveau chef du parquet, et finit par arrêter les poursuites. Il alla même jusqu'à promettre au *marcou* de l'aider de sa bourse, au cas où il voudrait étudier la médecine.

— Cent fois merci, répondit Isaac avec une effusion de reconnaissance; à mon âge on n'entreprend plus d'aussi longues études. Je ne sais ce que je deviendrai, mais je ne veux être à charge à personne.

Et il s'en alla.

Où allait-il? Qui le sait? Il l'ignorait lui-même.

Il traversa la place du Martroi quand il s'entendit appeler par son nom.

C'était le vieux gendarme qui avait mal aux reins.

— Eh bien, et moi ? s'écria de loin le militaire.

— Oh ! je vous avais bien oublié. Que voulez-vous de moi ?

— La santé, mon jeune ami.

— Vous savez que je suis en inderdit ?

— Pour les autres, je ne dis pas.

— Emmenez-moi chez vous.

Isaac se rendit à la gendarmerie où il rencontra une série de malades : militaires, femmes, petits enfants, et il donna des consultations à tout le monde.

— Adieu, dit-il après avoir terminé cette besogne; je vais partir.

— Où donc ? demanda le gendarme.

— A la grâce de Dieu !

C'était à l'été de 1828.

V

Le caissier.

Nous enjambons un demi-siècle, et nous nous retrouvons au printemps de 1870, c'est-à-dire hier.

Et nous sommes à Paris.

Dans un élégant petit intérieur de la rue de Malte, deux jeunes gens, le mari et la femme, dînaient tête à tête, à la lueur vacillante d'une de ces petites lampes portatives à lumière libre, dans lesquelles on brûle de l'essence minérale et qu'on trouve aujourd'hui partout, grâce à l'économie qu'elles procurent.

Un flambeau de bronze à trois branches, portant trois bougies roses à peine entamées, mais éteintes, occupait un coin de la table.

Le dîner n'avait aucun rapport avec l'élégance de la salle à manger. Le menu se composait d'une soupe aux herbes, d'un plat de légumes et d'un reste de jambon fumé. Il y avait bien une bouteille de vin rouge à moitié pleine, mais l'eau de la carafe faisait seule, comme liquide, les frais du repas.

La bouteille, comme le flambeau, n'était là que pour la montre, et l'on sentait que la misère hantait le jeune ménage et se dissimulait derrière des apparences et surtout derrière une exquise propreté.

A quelque distance de la table, mais à portée de la jeune femme, se trouvait un berceau dans lequel on entendait un souffle, doux murmure qui devait tenir lieu de bien des choses dans ce petit intérieur silencieux.

Une fois, la jeune femme se leva pour regarder dans le petit
nid blanc, et le mari profita de ce moment pour verser un doigt de
vin dans le verre de sa femme.

Celle-ci reprit sa place et, apercevant ce vin frais versé qui
moussait encore dans le cristal, regarda son mari dans les yeux.

— Non, René, non! dit-elle.

— C'est bien le moins, mon enfant, tu nourris!

— Oh! je suis forte, va!

— Prends toujours, ma belle. Le moindre refus de ta part me
semble être un reproche.

— Encore, René!

— Dam, écoute, Marie; je t'ai condamnée au jeûne, à la
détresse, à la faim; je t'ai ensevelie vivante dans une misère horrible; ah! oui, bien horrible, car ma position de caissier m'oblige
d'en cacher la moindre trace.

La jeune femme serra la main de son mari.

— Tais-toi, dit-elle.

— Je ne puis.

— Quand un blessé tourmente sa plaie et la découvre à tout
instant, il est sûr de ne jamais guérir. Si tu reviens à tout propos
sur cette affaire, il en sera de même; tu ne feras qu'exaspérer ta
peine. Songe à Bébé qui dort, et gardons-nous pour lui.

Le jeune homme garda le silence, mais il ne put continuer à
manger; il n'avait plus faim!

Le conteur sait tout et va vous dire le secret de cette angoisse
et de cette situation.

René Bompart, un des membres les plus écoutés du comité de
l'Association des Comptables parisiens, bien que tout jeune encore,
remplissait depuis six ans un emploi de caissier dans une maison
de commerce du boulevard de Sébastopol.

Quelques mois avant l'époque où commence cette histoire, au
courant du mois de janvier, il avait, un samedi soir, trouvé dans sa
caisse un déficit de trois mille francs.

Comment s'était produit ce déficit?

Impossible de le deviner. Personne ne mettait la main dans ses
livres ni dans ses valeurs. Il avait beaucoup payé, suivant son

habitude, mais aucun des fournisseurs auxquels il avait fait des remises, n'avait accusé la moindre erreur. De quelque manière qu'il recommençât ses comptes, le même total se présentait, donnant inexorablement le même vide.

Il fut huit jours sans oser dire un mot de ce malheur à sa femme, espérant toujours retrouver l'équilibre de sa balance. Mais les chiffres ne sont pas capricieux ; ce qu'ils disent un jour, quand ils sont vrais, ils le rediront demain, dans un mois, éternellement !

Qu'il se produise une différence entre deux totaux, vous aurez beau faire, les deux sommes ne se prêteront à aucun effort pour se rapprocher. Le nombre n'est pas élastique ; il reste ce qu'il est, dût-il vous mener aux galères.

La jeune femme avait une telle confiance dans la conduite et la probité de son mari, qu'en apprenant la fatale nouvelle du déficit, elle se contenta de répondre :

— Tu retrouveras l'erreur.

La fin du mois arriva. René laissa ses appointements de trois cents francs dans la caisse et rentra ce soir-là chez lui avec le désespoir dans l'âme.

La joie de l'employé, de cet homme-machine pour lequel les jours se suivent et se ressemblent, sa seule émotion, c'est le froufrou du billet de banque ou la musique des pièces de cent sous quand il rentre un jour de paye.

C'est grande fête ce soir-là dans sa maison. L'histoire du pot au lait recommence éternellement pour cette Perrette ; on économisera là-dessus. Jusqu'à présent il a fallu tout prendre ; il fallait du linge pour monsieur, une robe pour madame, n'importe quoi pour les enfants ; mais ce mois-ci, par exemple, on commencera le magot, on se gardera d'y toucher ; chaque mois on y ajoutera quelques épargnes, et finalement, au premier emprunt à primes, on prendra une obligation. Les petites bourses en ont toujours. Et le gros lot apparaît toujours avec une auréole de rayons éblouissants. On l'écornera bien un peu, mais on le placera pour se faire des rentes, et l'on ira vivre à la campagne où l'on sera des grands seigneurs !

Les mois se dépensent régulièrement d'année en année, mais on rêve toujours, et les châteaux en Espagne vont leur train.

Chez René Bompart, il y avait, par exception, quelques économies. Bien peu sans doute, mais assez pour laisser arriver la fin de l'autre mois.

Et cette fois-là, comme l'autre, il rentra les mains vides !

— Oh ! si j'étais seul ! murmura-t-il en embrassant le bébé dans son berceau.

— Que ferais-tu ? lui demanda sa jeune femme en lui posant les deux mains sur les épaules et en cherchant sa pensée au fond de son regard.

— Ce que je ferais ? J'avouerais mon déficit qu'on ne découvrira pas, puisqu'on a dans ma probité la plus aveugle confiance, et que le patron ne vérifiera ma caisse qu'en janvier, quand l'abîme sera comblé.

— Que ne l'avoues-tu ?

— Mon honneur, c'est ta couronne de femme, c'est l'honneur de notre enfant, Marie ! Les caissiers aujourd'hui sont en suspicion. Qui donc croira que René Bompart, le conseil de ses pairs, l'homme des chiffres par excellence, a pu se tromper ? On dira : c'est un vol. Et le moins qu'on puisse faire, ce sera de me chasser de ma caisse. Ou bien je serai surveillé comme un malfaiteur ! Toute la vie, quand on te verra passer avec une robe neuve, une pauvre robe de dix francs, ou avec un bout de ruban sur ton chapeau, avec un doigt de dentelle à ton vêtement, on dira : vous savez, cela vient du fameux déficit ! Et si l'enfant avait une plume à son béret, on ajouterait qu'il porte au vent la honte de son père. Mais comment sortir de là ?

— Courage, ami, courage !

— Mais il faut vivre, et tes épargnes ont disparu !

— On avisera.

De ce que Bompart était certain d'avoir dix mois encore devant lui pour payer cette dette d'honneur, il recommença le troisième mois avec courage, en cachant à tout le monde ses inquiétudes et sa profonde douleur.

Et quelques jours après, il retrouva sa femme avec de l'ouvrage qu'elle avait pris dans un magasin.

Il se mit à pleurer, car les rôles changeaient.

Le soir où nous les voyons dîner maigrement en tête à tête, ils sont à bout. René a versé quatre mois, c'est-à-dire douze cents francs à sa caisse, mais sa femme est malade et forcée d'interrompre le travail.

C'est l'heure terrible. Il reste à passer six mois de privations, d'angoisses, de dénûment absolu. Et l'enfant grandit, et avec lui les besoins.

On vendra pour manger. On a quelques bijoux, on a du linge, un peu d'argenterie, quelques autres petites inutilités dont on peut tirer parti. Seulement, René doit garder sa montre et sa chaîne, car il est tenu de faire bonne figure.

Mais le terme?

Il arrivera fatalement à son jour, et pour quiconque n'a pas de pain, un loyer de quatre cents francs est un terrible fardeau.

Au demi-terme de mai, coûte que coûte, on donnera congé.

S'en aller, bien; mais où? Un déménagement coûte toujours, et si l'on vient le voir dans sa mansarde, soit du magasin, soit du comité de l'Association?

Seulement, on aura l'avantage de pouvoir vendre une bonne partie du mobilier, sans que personne crie à la décadence.

Tout autre que René Bompart eût trouvé dans Paris un parent, un ami, le premier venu qui sans doute eût voulu l'aider à passer les mauvais jours. En cherchant un peu même, il eût trouvé tout de suite un sien cousin-germain qui venait d'être élu député ou qui allait l'être, et qui s'était fait prôner par des journaux de sa couleur comme un philanthrope et l'ami des malheureux.

Même objection toujours : avouer le déficit qui le mettait à la besace, n'était-ce pas provoquer sur la figure des gens un sourire d'incrédulité?

Un caissier mourant de faim parmi des liasses de billets de banque ou des piles d'or!

On ne croit pas l'invraisemblable.

Toutes les raisons qui le rivaient à son secret et à sa misère ne tiraient leur force que de son excès de délicatesse. René, par un faux point d'honneur, se les exagérait. Mais chacun resté juge de sa

propre conduite, et chaque conscience a sa manière de voir. Pour
du poisson qui n'arrive pas à l'heure, Vatel, le cuisinier du grand
Condé, se passa son épée à travers le corps.

Tout bien considéré, le comptable déménagera. En se bornant
au mobilier strictement nécessaire, il vendra pour plus de cinq
cents francs de meubles et d'objets de ménage. Et dans le haut du
boulevard Voltaire, ou même sur l'avenue de Vincennes, il aura
un petit logement d'ouvrier pour une couple de cent francs.
Sous de pareilles latitudes, on ne serait jamais tenté de venir le
visiter chez lui.

Ce projet demandait de la discrétion, de l'habileté, de grandes
précautions. Le concierge, le premier, devait tout ignorer.

René partit donc au jour dit pour l'avenue de Vincennes, avec
la conviction, justifiée du reste, qu'aucune bribe de son secret
n'était restée derrière lui.

Il était temps, car non-seulement le nécessaire, mais encore
l'indispensable allait manquer. Il est vrai que la vente d'une partie
du mobilier n'avait pas donné la moitié de la somme qu'on en
avait attendue, mais on put vivre à peu près jusqu'à la fin d'août.

A ce moment, le comptable avait payé deux mille cent francs
sur sa dette.

Il descendait à pied, au matin, sa route, de six kilomètres, et la
remontait le soir avec un morne courage, sans jamais broncher.
Peut-être eût-il pris son malheur avec une certaine philosophie
si sa femme, à force de laver, de repasser, de raccommoder et de
travailler les nuits à la confection, ne fût alors tombée malade.

L'enfant perdait du coup sa nourrice.

Oh! si le point d'honneur n'eût pas été aveuglément implacable,
c'était le moment de s'avouer vaincu. Tout autre à sa place eût cédé.
Mais lui résista; son âpre et sauvage probité lui faisait une loi de
résister ainsi jusqu'à la mort.

A cette époque, une occasion se présenta d'améliorer de beaucoup sa position. Grâce à sa belle réputation de savant comptable,
de caissier intègre, un chef de maison de la rue Saint-Denis lui
fit faire des offres magnifiques. Cinq cents francs par mois avec un
intérêt assez rond dans les bénéfices.

Il jouissait dans sa maison d'une confiance absolue, mais il n'avait aucune autre raison d'y tenir contre vents et marées. La situation relativement énorme qui lui était offerte eût fait comprendre et même excuser son départ, puisqu'au lieu de trois mille francs d'appointements, il allait, tout compris, en toucher dix mille.

Savez-vous ce qu'il fit ?

Il répondit avec la mort dans l'âme, mais avec le calme sur la figure, qu'il ne se sentait pas le courage de quitter sa maison, qu'on y avait encore besoin de ses services et qu'il attendait de l'augmentation.

Il attendait tout bonnement d'être quitte avec sa caisse et de pouvoir enterrer le secret de son malheur. Autrement il eût fait ce que font les plus honnêtes employés, ce que font les patrons, ce que la plus extrême délicatesse ne saurait prohiber. N'essayons pas de surfaire l'humanité : elle ne vaut que ce qu'elle vaut; une flatterie niaise ne la ferait pas meilleure qu'elle n'est. Chacun va dans ce monde où son intérêt le mène, et les dévoués sont toujours des dupes; seulement on n'ose pas l'avouer.

C'était déjà bien assez à René de rembourser une dette qu'il n'avait pas contractée. Quelle plus grande noblesse d'âme, en effet, que de comprendre ainsi la responsabilité ?

Voilà le beau côté, la vraie grandeur de l'homme.

Chez René, la grandeur touchait au sublime.

Sa femme, épuisée, s'éteignait.

Son enfant s'étiolait à vue d'œil.

Dans cet intérieur, réduit à la plus simple expression, la misère froide, irrémédiable, serrait le cœur. La mort était, comme on dit, derrière la porte; mais une mort horrible, une mort voulue, acceptée pour des êtres aimés, la mort par la faim !

— Mon Dieu ! mon Dieu ! s'écria-t-il un soir en rentrant, quelle épouvantable vie !

Sa pauvre femme, hâve, décharnée, se souleva dans son lit et prit à la muraille nue un petit christ en bois qu'elle tendit à René :

— Regarde, dit-elle d'une voix presque calme, regarde et sois fort, ami !

— C'est vrai, répondit le désespéré; mais il mourait seul, et il était Dieu !

— René, soyons chrétiens jusqu'à la mort !

— Soit ; mais demain, je vendrai ma montre.

Ceci n'a l'air de rien, mais pour cet employé chef, il fallait paraître. La montre fut vendue le lendemain.

Ce jour-là, René laissa son huitième mois à la caisse.

En temps ordinaire, une ressource de cent francs, comme celle que lui procura la vente de sa montre et de sa chaîne de gilet, eût duré tout un mois. Mais dans le dénûment qui régnait à la maison, avec une femme malade et un pauvre petit enfant qui réclamait des soins étrangers, cela passa vite, et René n'avait plus rien à vendre.

Le médecin, qu'on payait chaque jour et qui comprit heureusement la situation, déclara que dorénavant ses visites n'avaient plus aucune utilité. La jeune femme devait s'éteindre avant peu, si elle ne pouvait se mettre à un régime fortifiant et s'en aller à quelques lieues de Paris, dans l'air vivifiant de la campagne. Quant à l'enfant, son état laissait à peine quelque espoir.

— Encore deux mois, se disait le comptable qui venait d'entendre cette double condamnation. Si j'avais seulement trois mois devant moi pour retourner. Mais il faut que j'arrive, le temps m'est mesuré, et quand on vérifiera ma caisse à l'inventaire, je dois avoir ma balance !

Il descendait le boulevard Voltaire avec ce désespoir dans l'âme : sa femme agonisante, son enfant à la mort et son honneur en danger !

En passant sur le boulevard Saint-Martin, devant le théâtre de l'Ambigu, il heurta du pied un objet qui roula devant lui, avec un son métallique.

C'était un large porte-monnaie aux flancs rebondis.

A cette heure matinale, il y avait peu de monde sur le boulevard. Il ramassa sa trouvaille sans avoir été remarqué de personne et la mit dans sa poche.

A cinquante pas plus loin, il avisa un sergent de ville et s'en alla droit à lui.

— Voulez-vous m'indiquer, lui demanda-t-il, l'adresse du commissaire de police du quartier, et me dire s'il est visible en ce moment ?

Une fois renseigné par l'agent, il hâta le pas afin de perdre le moins de temps possible, et de déposer le porte-monnaie.

Dans un compartiment se trouvaient dix billets de mille francs, avec une quinzaine de cents francs en or dispersés dans les autres.

Du reste, aucune adresse, aucun nom, pas même une initiale. Seulement, une douzaine de louis étaient roulés dans un papier portant quelques mots en anglais avec le nom du colonel Isaac. Mais ce papier, qui n'était qu'un fragment d'une plus grande feuille, ne signifiait probablement rien. On l'avait pris ou ramassé n'importe où pour confectionner le petit rouleau d'or.

René dut donner son nom avec son adresse; mais il ne donna que celle de son magasin.

Il rentra tout courant et se mit à la besogne, sans plus songer à sa trouvaille.

Le soir, à cinq heures, au moment où il se disposait à partir, un grand vieillard de soixante-douze à soixante-quinze ans, militairement emprisonné dans une redingote noire boutonnée jusqu'au col, entra dans le magasin.

Impossible d'avoir une tournure plus décidément anglaise.

Les cheveux d'un blanc d'argent, un peu relevés en toupet; la figure frais rasée, encadrée dans des favoris en côtelettes et retombant sur le col de la redingote; un pince-nez en or suspendu par une ganse de soie; un *Guide du voyageur dans Paris* à la main; la taille haute et raide; la démarche saccadée, tout trahissait un personnage d'outre-mer.

Cependant, à ses premières paroles, on s'aperçut avec étonnement qu'il parlait le français avec une pureté d'accent bien étonnante chez les Anglais.

— Pardon, Monsieur, dit-il au patron qui le reçut; vous avez chez vous un employé du nom de René Bompart ?

— Le voici, Monsieur, répondit le patron qui montra son caissier d'un geste.

René crut qu'il s'agissait d'une affaire relative à l'Association des

Comptables parisiens; il s'approcha du vieillard avec empressement.

— Vous avez trouvé ce matin, sur votre route, un porte-monnaie contenant onze mille cinq cents francs, Monsieur, et ce porte-monnaie m'appartenait.

Tout le monde du magasin, le patron comme les autres, jeta les yeux sur le caissier.

— Enchanté que vous soyez rentré dans votre propriété, Monsieur, répondit René rougissant.

— Je viens vous remercier et vous demander la permission de serrer la main d'un honnête homme.

— Ma main, la voici; mais je n'ai fait simplement que mon devoir. Tout autre eût comme moi déposé ces valeurs.

— Voulez-vous me promettre de ne point vous formaliser?... J'ai quelque chose à vous dire. Vous avez probablement des amis pauvres, vous n'êtes pas sans connaître, mieux que moi qui suis étranger, quelque intéressante misère à soulager. Veuillez donc accepter un billet de mille francs dont vous disposerez sans en avoir à rendre compte à personne.

Des lueurs rouges passèrent devant les yeux de René, mais il fit un effort héroïque sur lui-même et répondit avec une tranquillité derrière laquelle se cachait une douleur immense :

— Merci, Monsieur; accepter serait faire croire qu'il y a du mérite à rester honnête. Ma seule récompense doit être la satisfaction de vous avoir été utile. Je regrette de vous ôter l'espoir de me rendre un pareil service, car je ne perdrai jamais autant ; mais, je le répète, je ne puis ni ne veux rien accepter.

Et le caissier s'en alla, s'excusant de ne pouvoir rester davantage, ayant sa femme et son enfant malades.

— Cet honnête homme est-il donc assez aisé pour refuser ce que je lui offre? demanda le vieillard au patron.

— Je ne crois pas, répondit ce dernier, j'ai l'idée même qu'en ce moment ses malades lui sont bien onéreux. Mais c'est fier, c'est susceptible !

— C'est bien. Savez-vous où il demeure?

— Pas précisément; en haut du boulevard Voltaire, n'est-ce pas, vous autres?

— Tout le monde l'ignore, répondit un commis.

Le vieillard salua, tourna sur ses talons avec une raideur toute britannique, traversa le large trottoir et se jeta dans son coupé, disant au cocher :

— Tenez, voyez ce monsieur qui remonte le boulevard, là-bas ; il faut le suivre à distance, avec précaution.

Puis, s'enfonçant dans sa voiture, il murmura :

— J'ai son nom, je vais avoir son adresse. En cherchant des huîtres sur les rochers, on trouve parfois des perles ; je ne suis pas fâché d'avoir rencontré cet honnête homme en courant sur les pistes de mes quinze neveux !

VI

Le colonel.

Un horrible proverbe prétend que les bonnes actions ne donnent pas à manger. Le comptable était plus que personne à même de le savoir. Néanmoins, avec moins de raideur et d'orgueil, il aurait pu se dire que, n'ayant pas rendu l'argent trouvé en vue d'une récompense, il avait le droit de toucher la prime offerte sans égratigner la délicatesse la plus élémentaire.

Mais faites donc entendre raison sur ce chapitre à ces probités farouches qui ont la conscience faite de droiture et de susceptibilité. René ne sentait même pas que, dans sa détresse profonde, il avait héroïquement agi. Accepter une récompense pour un acte aussi simple que celui de rendre une somme à son propriétaire, n'était-ce pas devenir un mendiant d'une certaine sorte ?

Néanmoins, il s'en allait heureux, non parce qu'il avait bravement accompli son devoir, mais parce que le personnage était rentré en possession de ce que le hasard d'une poche mal faite lui avait fait perdre.

Si donc la bonne action ne donne pas de pain, au dire du proverbe, le moraliste chrétien doit affirmer qu'elle laisse dans l'âme une indéfinissable satisfaction, quelque chose comme un avant-goût du paradis. Ces jouissances qui ne franchissent guère le seuil des belles consciences, sont le pain des justes.

René ne songea même pas à raconter toute cette histoire à sa femme, pas plus qu'il n'eût songé à lui raconter le samedi soir qu'il avait arrêté sa caisse et que, par hasard, il n'avait pas volé son patron.

Ce qui s'était passé depuis le matin lui avait seulement valu de remonter le boulevard Voltaire d'un pas plus allègre, et de ressentir dans son cœur un peu plus de sérénité.

En effet, ici-bas, il y a même, pour les plus éprouvés, des moments où les croix à porter sont moins lourdes.

Cependant aucun rayon d'espoir ne s'était projeté dans la sombre situation de son ménage. Au contraire, l'horreur semblait s'en être assombrie.

La jeune femme arrivait à la mort; l'enfant ne tenait plus à la vie que par un fil.

Et rien, rien, rien!

Ni pain, ni argent, ni médicaments, ni médecin; pas même une de ces bonnes amitiés qui vous consolent d'un regard et qui compatissent à vos souffrances.

Rien, rien, rien!

Ni un réconfortant pour la pauvre mère, ni une goutte de lait pour l'enfant; pas même de l'huile dans la veilleuse pour les regarder souffrir pendant les longues heures de la nuit!

Le dénûment hideux, implacable, absolu!

— Encore deux mois de ce Golgotha, se disait le jeune homme, et nous retrouverons la lumière et la vie! Mais j'ai bien peur de laisser tomber, dans la nuit que je traverse, un des chers êtres qui sont tout mon bonheur... peut-être tous les deux!

Et tout en songeant à ces choses horribles, il fouillait son meuble, le seul qu'il eût conservé.

Que cherchait-il?

Le savait-il bien lui-même?

Depuis cinq minutes, la brise du soir apportait du côté de la barrière un cri traînard qui se répétait par intervalles:

— Archa d'habits! marchand d'habits!

La jeune femme s'était assoupie, mais elle dormait d'un sommeil lourd, entrecoupé de soubresauts et de gémissements.

Le petit enfant essayait de pleurer et ne réussissait qu'à pousser des plaintes.

René descendit quatre à quatre l'escalier de sa maison, portant sous le bras un petit paquet, et se tint caché dans l'allée.

La voix du marchand d'habits semblait maintenant s'éloigner.

— Archa d'habits! marchand d'habits!

Ce cri n'était plus qu'un murmure.

René s'avança sur le trottoir et n'aperçut point cette providence qu'il attendait.... L'Auvergnat avait repris le chemin de Vincennes.

— Allons! allons! fit-il résolûment, je ne courrai pas après lui jusqu'à Vincennes. Il y a tout près du Trône une boutique où l'on achète les défroques : allons-y.

Savez-vous ce que le comptable appelait ses défroques? Son habit noir de cérémonie qu'il endossait pour aller à son comité; son paletot d'hiver, et les divers vêtements que la Toussaint prochaine allait lui conseiller de reprendre.

On était aux derniers soleils!

Et la garde-robe se vidait complétement.

Impossible de vivre plus étroitement au jour le jour.

Et ceux qui n'ont pas habité Paris ou qui n'ont pas traversé ces suprêmes épreuves, ne comprendront jamais qu'il y a des gens dont l'habileté commerciale consiste à exploiter ces grandes misères. On prend à qui n'a rien, on vole le néant, on escompte la soif et la faim; puis, quand on a fait ce métier sous le couvert d'une patente, on s'en retourne à Bordeaux, à Limoges, je ne sais où, pour y vivre en grand seigneur et jouir d'une considération que l'argent donne toujours.

Coupons court à ces réflexions. René vendit pour vingt francs ce qui lui en avait coûté cinq cents, et qui en valait bien encore la moitié.

Mais c'était du soulagement pour la malade, du lait pour l'enfant, de l'huile pour la veilleuse, une ou deux visites de médecin, que sais-je encore?

Oui, c'était tout cela, mais pour combien de temps?

Quatre jours? peut-être bien. Et puis?

Ah! que voulez-vous? après comme après. Est-ce que l'âme

de celui qui souffre ne s'ouvre pas incessamment à de nouvelles espérances? Et si cette âme est chrétienne, elle entend comme une voix qui lui redit à tout moment :

Aux petits des oiseaux il donne la pâture,
Et sa bonté s'étend sur toute la nature!

Maintenant le jeune homme était seul pour supporter cette grande épreuve. Sa femme, qui avait toujours été de bon conseil, se trouvait dans un tel état de prostration qu'elle ne semblait plus appartenir aux réalités de la vie.

Mais n'avait-il pas vingt francs ?

Aussi rentra-t-il avec des provisions et l'espoir que tout allait marcher pour le mieux.

Absorbé qu'il était dans ses préoccupations, il n'aperçut pas, sur le trottoir opposé de la large avenue de Vincennes, un personnage qu'avec un peu d'attention il n'eût pu manquer de reconnaître, l'homme au porte-monnaie.

Le colonel, car c'était bien lui, était arrivé sur le Cours presqu'en même temps que le comptable ; puis, en voyant entrer ce dernier dans une maison de fort modeste apparence, il jugea qu'il entrait chez lui.

Alors il renvoya sa voiture et se mit en observation.

Sachant que le jeune homme avait chez lui des malades, il devina qu'il sortirait pour un motif ou pour un autre, et ne se présenta chez le concierge qu'après deux grandes heures de faction.

Quel était donc cet original ? Il était probablement très-riche, vieux et peu fait pour courir les aventures dans un quartier qui n'est pas le mieux famé de Paris.

Que voulait-il ? Tout autre à sa place, une fois remercié par le comptable, eût salué poliment et se fût retiré. Je comprends, à la rigueur, qu'il eût laissé quelque chose au patron pour le comptable ; mais ce qu'il faisait là doit paraître invraisemblable.

Néanmoins, il était sur le Cours de Vincennes à la nuit fermée.

Avec les plus grandes précautions, il pénétra dans la loge du concierge et demanda si M. René Bompart demeurait dans la maison.

— Tout en haut, la porte à gauche, répondit le concierge avec empressement. Monsieur est sans doute un médecin, et je crois qu'il est temps qu'il arrive. Ça ne va pas, là-haut.

— Pardon, Monsieur, je ne suis pas médecin plus que vous pour les malades d'en haut. Comment vous dire cela? Je viens prendre des renseignements sur le compte de votre locataire.

— Monsieur est de la police?

— Encore moins. J'ai une petite affaire à traiter avec M. Bompart, et je viens vous demander quelques renseignements sur sa position.

— Oh! mais, Monsieur, il est tout nouvellement chez nous, et je le connais à peine.

L'étranger mit un louis dans la main du concierge en disant :

— Nous allons nous entendre. Je sais que votre locataire est un très-honnête homme, très-loyal et très-délicat. Mais il n'est pas riche, n'est-ce pas?

— Le pauvre homme a des malades, sa femme et son enfant. S'il était riche, il ne les quitterait pas, ou il les ferait garder.

— Voulez-vous vous charger de lui remettre une somme qu'il prétend que je ne lui dois pas et que je veux lui rendre?

— Il n'accepterait pas. Songez donc qu'on est obligé de se cacher de lui pour donner dans le jour un bol de bouillon à sa femme, et pour lui faire ce que de pauvres gens comme nous peuvent se permettre. La pauvre malade est bien reconnaissante de ces petites attentions, mais elle nous a suppliés de n'en rien dire à son mari. Il est fier, voyez-vous! C'est quelque noble tombé dans la débine.

— Alors, vous croyez?...

— Oh! non, bien sûr, il n'accepterait pas.

— Et la malade?

— Dam! on pourrait la voir; mais monsieur ferait mieux de la voir lui-même. Dans le jour, le mari n'est jamais là.

— Dans ce cas, pas un mot, je reviendrai demain à deux heures. Le médecin, que dit-il?

— Il n'y en a plus.

— A demain donc.

Et l'étranger se retira sur ce dernier mot.

— Oh! fit le concierge en regardant le louis qui flamboyait à la lampe entre son pouce et son index, c'est des gens de la même caste. Ça s'oblige les uns les autres, comme une vraie société mutuelle.

Maintenant l'invraisemblable s'est expliqué. René n'avait jamais absolument manqué d'argent, puisqu'il avait vendu successivement tout ce qu'il pouvait ne pas garder. Mais ces ressources précaires n'eussent pas suffi pour parer aux plus pressants besoins, si le concierge et quelques obligeants voisins n'avaient pas en cachette prêté leur concours. La jeune mère et le fils n'avaient donc enduré les privations que grâce aux largesses compatissantes du voisinage.

Le lendemain matin, René s'attarda chez lui contre son habitude, car il alla chercher un médecin dans le faubourg Saint-Antoine et porta l'ordonnance chez un pharmacien.

Le médecin n'avait pas dit grand'chose, car il ne pouvait pas deviner à première vue la cause du mal, soit chez la mère, soit chez l'enfant. Mais, comme il arrive toujours, cette visite avait un peu réconforté le comptable.

Le concierge n'avait rien dit de la mystérieuse visite de la veille.

René n'arriva que vers dix heures à son magasin, et, cela va sans dire, il était excusé d'avance, puisqu'on savait qu'il avait des malades chez lui.

— Moi aussi j'ai trouvé, lui dit le patron; mais, plus heureux que vous, j'ai trouvé pour mon compte.

— Une bourse?

— Un débiteur devenu solvable.

— Je ne devine pas.

— Vous souvenez-vous d'un Grec qui m'avait demandé une certaine quantité de marchandises?

— Xéros?

— Juste. Il m'écrit qu'il aura le plaisir de passer au magasin ces jours-ci pour régler son compte.

— C'est autant de trouvé, en effet. Je vais faire son relevé pour ne pas être pris au dépourvu.

Le compte Xéros datait de plus de trois ans, et se trouvait sur d'anciens livres que le comptable avait feuilletés comme les autres, au moment où il avait perdu les trois mille francs qui l'avaient réduit à la misère.

Comme il était en retard ce matin-là de plusieurs heures, il s'occupa des affaires courantes, remettant pour l'après-déjeuner le relevé qu'il avait promis de faire.

L'après-déjeuner.... quel mot! ou plutôt quelle ironie!

Dans le temps de son aisance, il déjeunait au restaurant avec les principaux employés de la maison. Quand la besogne pressait, ce qui arrivait le plus souvent, il se faisait apporter son repas et mangeait sur un coin de son bureau, à la hâte, mettant, comme on dit, les bouchées doubles, mais déjeunant.

Depuis son malheur, il avait trouvé, le fier jeune homme, un prétexte pour aller, disait-il, déjeuner au loin, ce qui, malgré tout, ne lui demandait qu'à peine trois quarts d'heure.

Savez-vous comment il déjeunait?

Comme quelques autres employés, comme quelques gens de lettres dont je pourrais bien dire les noms, il s'éloignait en effet de sa maison, pour dépister ses camarades, descendait sur les quais, faisait le tour de l'hôtel de ville incendié, remontait par la rue du Temple, la rue de Rambuteau, tournait par les grands boulevards et rentrait.

Mais il ne rentrait qu'en mâchonnant un cure-dents, à la façon des gens qui sortent d'une bonne table.

Ah! le cure-dents, combien de misères honteuses il a couvertes!

Plus tard, s'apercevant que ces courses répétées ne s'accomplissaient qu'aux dépens de ses chaussures, il se contenta de descendre au square des Innocents et de s'y asseoir.

Les jours d'immaîtrisable appétit, il dévorait pour deux sous de pain, tout en lisant, ce qui lui donnait une contenance auprès des habitués du jardin.

Puis il se rapprocha de chez lui, pour abréger la course, et s'ar-

rêta dans le jardin des Arts-et-Métiers, mais il eut soin de ne
sortir qu'après la rentrée de tout le personnel, ce qui conjurait
le danger d'y être rencontré.

Le jour où nous sommes, il avait touché le matin quelque peu
d'argent. Il avait faim ; il mangea la ration de dix centimes et
s'abreuva longuement à la fontaine Wallace la plus voisine.

Et ainsi restauré, le brave comptable rentra.

A la même heure, la voiture qui l'avait suivi la veille sur le
chemin de son domicile, remontait une seconde fois le boulevard
Voltaire, mais cette fois au trot d'un cheval rapide et fringant.

C'était le colonel qui s'en allait tenir sa parole.

Il était très-simplement habillé. Un sentiment de délicatesse
lui avait conseillé de ne point humilier par sa mise les pauvres
qu'il allait visiter.

Comme la veille, il renvoya sa voiture dès qu'il fut arrivé sur
le Cours de Vincennes, et entra sans cérémonie dans la loge du
concierge que nous connaissons.

— Peut-on monter? demanda-t-il.

— La malade est seule à cette heure, mais elle a eu dans
la matinée la visite d'un médecin.

— Et qu'a dit le docteur?

— Il a consolé le pauvre mari, mais il m'a dit à moi que
c'était la fin.

— Pour la mère?

— Et pour l'enfant.

— Pourvu que je n'arrive pas trop tard! Voulez-vous bien
m'accompagner ?

— Je suis à vos ordres.

Les deux hommes arrivaient tout en haut de la maison, quand
une sorte de trombe monta l'escalier sonore à l'allure de la
tempête.

— Marie! Marie! criait en même temps une voix essoufflée,
c'est la vie, c'est la joie.... tout est retrouvé!

Et le comptable, pâle, effrayant, à moitié mort d'émotion,
faillit renverser les deux hommes.

Le colonel l'arrêta court.

— Pardon, M. Bompart, lui dit-il en lui mettant la main sur l'épaule.

— Vous ici, chez moi.... Je vous reconnais !

— Au nom de votre femme et de votre enfant, pas un mot de plus, Monsieur. Quant à vous, continua-t-il en s'adressant au concierge, je vous remercierai plus tard, vous pouvez descendre.

Alors, le grand vieillard prit les mains de René.

— Pas la moindre émotion, dit-il avec un accent venu des profondeurs de l'âme.

— Morte?

— Mais non, seulement vous pourriez la tuer.

— Que me voulez-vous? Pourquoi vous rencontré-je à ma porte? Que peut vous importer mon désespoir ou mes joies? Monsieur, je n'ai besoin de personne, j'ai eu l'honneur de vous le dire déjà. L'heure du dénûment est passée.... Qu'est-ce que je dis? il n'y a pas de dénûment chez moi!

— Pauvre ami! pauvre cœur fier! Et si l'heure du danger allait arriver?

— Mais enfin, Monsieur, vous n'êtes ici que par suite de cette affaire que....

— Oublions, vous que j'ai eu la pensée de vous offrir une récompense, moi que vous avez trouvé mon porte-monnaie sur la voie publique. Nous sommes quittes pour cela; n'en parlons plus. Mais vous avez des malades, et je suis médecin.

— Etes-vous sincère?... Entrons.

— Pas avant que vous m'ayez promis de ne manifester aucune émotion. Vous avez une bonne nouvelle, n'est-ce pas?

— Si vous saviez !...

— Je vous félicite, mais je ne veux rien savoir de plus. Et maintenant songez qu'il y va de la vie de votre pauvre femme. Entrez.

René suivit le conseil du visiteur et entra chez lui la figure calme, mais avec un rayon dans les yeux.

Disons tout de suite que les mauvais jours venaient de prendre pour lui brusquement fin.

On se rappelle le compte Xéros ouvert depuis longtemps sur les livres de sa maison.

Ce compte attardé, le jeune caissier l'avait en effet bien des fois aperçu, mais en passant. A l'inventaire, du reste, on le retrouvait toujours avec son débit assez considérable.

Mais il faut dire que de tous les comptes débiteurs, et le nombre n'en était pas considérable, celui-là seul commençait par un X, et le répertoire ne contenait aucun nom commençant par la même lettre. Or, une fois le grand-livre de cette époque mis de côté, le répertoire disparaissait aussi. René n'avait pas même songé à feuilleter ce tout petit livre, quand il avait feuilleté vingt fois les autres. Et quand il le retira de son casier et qu'il en eut secoué la poussière, il l'ouvrit à la lettre X pour avoir le folio du vieux grand-livre où se trouvait le compte Xéros.

Il étouffa un cri rauque, ses yeux s'ouvrirent démesurément, et il se laissa retomber sur son fauteuil. Les trois billets de mille francs étaient là, plaqués l'un contre l'autre, lisses, immobiles, souriants, ayant une apparence de vie et semblant se grandir de la bonne farce jouée au comptable.

Horreur! cette farce avait été lugubre et menaçait d'avoir des suites mortelles!

Mais enfin, ils étaient là!

C'était une émotion à foudroyer un homme.

Lui, René, s'en remit en une minute, et personne dans la maison ne s'aperçut de ce qui venait d'arriver.

Il fit sa caisse, solda son compte, empocha les deux mille quatre cents francs de différence et releva le compte Xéros; puis il demanda la permission de remonter chez lui pour voir ses malades.

Voilà pourquoi nous l'avons vu arriver, à l'allure de la foudre, à une heure qui n'était pas la sienne.

La malade était assoupie, tenant dans sa main la main de son petit malade, assoupi, comme elle, dans son berceau.

Elle se réveilla au bruit.

— C'est donc le soir? fit-elle.

— Bonsoir, Marie....

— Oh! j'aurai dormi longtemps alors... bien longtemps.

— Comment te trouves-tu, mon enfant? Je t'amène un médecin.

La jeune femme tourna douloureusement la tête.

— Si seulement Bébé allait mieux ! Y a-t-il donc du nouveau, René ?

— Pourquoi ?

— Tu as des rayons de soleil plein les yeux !

— C'est de l'espoir, Madame, dit le colonel en intervenant, car nous croyons bien pouvoir vous tirer de là.

— Qu'on s'occupe de l'enfant d'abord, je vous en supplie !

— Courage, amie, courage ! murmura le pauvre comptable dont la joie menaçait de faire explosion. Courage ! tu vas aller mieux, Bébé aussi. Nous sommes au bout de nos épreuves.... nous y arrivons, du moins....

— René, tu as quelque chose ? est-ce du mal, est-ce du bien ?

— C'est.... du.... bien ! fit sourdement le comptable en scandant les syllabes.

— Tant mieux.... seulement, c'est bien tard !

VII

Le médecin.

Est-ce vrai qu'un bonheur n'arrive jamais seul?

Le proverbe le dit, et René, je le croirais bien, aurait pu ce jour-là se convaincre que le proverbe est vrai.

Son patron, je ne sais comment, avait appris qu'une maison rivale était décidée à lui prendre son comptable, en l'attirant par des offres considérables.

Cette nouvelle l'avait fait réfléchir.

Et le jeune homme venait de s'absenter au milieu du jour, sous prétexte d'aller chez lui; mais n'était-ce pas plutôt pour cette affaire de changement de place?

En somme, le négociant qui n'aurait peut-être pas songé sans cela, faut-il le dire, à grossir les appointements de son premier employé, n'était pas un homme inintelligent; il comprit que son comptable avait une valeur et qu'un homme sûr n'est jamais trop payé. Il arrêta donc avec lui-même de porter les appointements du caissier à six mille francs.

Avec un peu d'économie sur le reste du personnel, on devait faire face à ces nouveaux frais généraux.

Il attendait donc avec impatience le retour de René pour lui donner cette bonne nouvelle. Pourvu qu'il ne soit pas engagé là-bas!...

Mais René tardait à venir et pour cause.

Le colonel mit du temps, un très-long temps à l'examen des

malades, et demanda la permission de revenir aussi souvent qu'il le jugerait convenable.

Il sortit en laissant de bonnes paroles à la malade, et tout naturellement le comptable le reconduisit.

— Etes-vous réellement médecin? demanda René qui craignait toujours d'être la dupe d'une reconnaissance exagérée.

— Je vous l'ai avoué, Monsieur, et je n'ai jamais menti; seulement je n'exerce point en France. Je suis un docteur américain. Voici ma carte. *Le colonel Isaac.*

— Colonel?

— Mon Dieu! Monsieur, colonel et docteur, ces deux mots-là jurent un peu; mais vous avez dû, quoique bien jeune, entendre parler de la grande guerre américaine, de la guerre de sécession. Je fus médecin en chef d'un corps d'armée; j'avais auparavant exercé comme médecin en chef d'un hôpital. Or, cette guerre eut des péripéties étranges; elle remua des masses d'hommes comme l'orage remue les vagues de la mer. La fortune des combats me coupa un jour du gros de l'armée, et me laissa avec quelques milliers de valides et une ambulance encombrée. Je pris le commandement des valides pour épargner à mes malades le déshonneur de tomber aux mains de nos ennemis, et l'on jugea que ma conduite avait mérité quelque récompense. On me fit colonel. Voilà des confidences qui vous expliquent pourquoi le médecin peut être colonel. Mais occupons-nous de vos malades. Vous ne pouvez rester ici, M. Bompart.

— Ce qui veut dire, docteur?

— Qu'il faut à vos malades l'air de la campagne.

— Immédiatement?

— Tout de suite.

— Je vais prendre mes mesures.

— Je sais que vos occupations sont impérieuses; voulez-vous que ces mesures, je les prenne pour vous?

— Voulez-vous que je sois sincère?

— Assurément.

— Eh bien, j'ai peur de vous!

— Toujours pour cette affaire?

— Toujours.

— Je croyais qu'il était dit qu'on n'en parlerait plus.

— Que voulez-vous?

— Eh bien, si vous êtes franc, laissez-moi l'être aussi : votre jeune femme est en danger; votre enfant plus que la mère encore. Je veux les sauver, et je les sauverai. Je suis riche, millionnaire, désœuvré, enthousiaste de ma profession; je puis donc donner tout mon temps à cette cure.

— Vous voyez bien que vous vous exagérez l'importance du petit service que je vous ai rendu par hasard!

— Alors parlons autrement. Quand je vous aurai rendu votre.... chère jeune femme guérie, souriante et gaie; quand votre enfant aura retrouvé son teint rose et la vie, alors je vous présenterai ma note, Monsieur, et nous nous séparerons à jamais. Le marché vous va-t-il?

— A demain matin, docteur.

— Non pas, à ce soir. J'ai besoin de revoir mes malades avant la nuit.

Le colonel serra la main de René.

Mais au lieu de rentrer dans Paris, il s'en alla dans la direction de Vincennes et prit une voiture de place à la barrière:

— Il y a vingt francs de pourboire, si nous marchons bien, dit-il.

La compagnie des petites voitures n'a pas un cheval, même parmi ses plus démarqués, capable de ne pas galoper, quand un pareil pourboire est offert.

— A Montreuil! commanda le colonel, non par la route de Paris, mais par le boulevard de l'Hôtel de ville.

— Entendu, bourgeois.

Et le sapin prit une allure vertigineuse.

Une heure plus tard, le colonel avait arrêté, sur ce même boulevard qui relie Vincennes à Montreuil, un petit pavillon qui n'était pas libre actuellement, mais que l'occupant s'engagea d'abandonner le soir même, moyennant une somme importante qui lui fut spontanément offerte par le noble étranger.

Puis le colonel revint au chemin de fer qui le ramena dans Paris en quelques minutes.

Il descendait à la Bastille, c'est-à-dire qu'il n'avait que cent pas à faire pour entrer dans le faubourg Saint-Antoine, au milieu de ces magasins d'ameublement uniques au monde.

Il entra dans celui qui lui parut le plus important.

— Quel délai demanderiez-vous, dit-il, pour meubler en entier un petit pavillon dont voici l'adresse ?

— La semaine, au moins.

— Remarquez qu'il n'y a que quatre pièces.

— Je remarque aussi qu'il y a d'ici là quatre kilomètres.

— En prenant du monde, pourrait-on abréger le délai ?

— Assurément.

— Et vous auriez besoin ?

— De trois jours.

— Nous allons nous entendre. Je ne loue pas le mobilier, je l'achète. Faites votre note, s'il vous plaît. Je suis d'un pays où le temps ne compte pas, on le brûle.

Le tapissier fut ahuri.

Il ne mit que vingt minutes pour aligner son mémoire, et j'aime à croire que, pour éviter la moindre erreur, il eut soin de mettre chaque objet à son plus haut prix, et d'ajouter même quelque chose.

Le colonel jeta les yeux sur la note et dit :

— Voici deux mille cinq cents francs ; mais je veux savoir s'il est possible d'avoir le pavillon demain à midi.

— Impossible.

— Même en ajoutant cinq cents francs.

— Alors c'est différent.

— Ecrivez donc, Monsieur. Dans mon pays, où l'on est aussi honnête qu'ailleurs, on écrit les moindres conventions. Faites ma quittance et prenez-y l'engagement d'être prêt demain à deux heures de l'après-midi, moyennant cinq cents francs de commission que vous perdrez dans le cas contraire.

Et l'original Américain s'en alla.

Ces détails que je n'ai pas voulu passer sous silence peignent l'homme. On ne pouvait être plus Yankee.

Nous avons besoin de revenir de quelques heures en arrière pour savoir ce qui s'était passé dans la mansarde du comptable après le départ du colonel.

Les natures vigoureuses traversent avec un calme intrépide les situations les plus violentes, à plus forte raison quand elles sont menées par un sentiment implacable comme celui d'un orgueil exagéré.

Tant qu'avait duré la crise, René n'avait vu qu'une chose, le but, la paix, la certitude de ne jamais être soupçonné, l'honneur sauf, le droit de marcher tête haute!

Mais le péril passé, l'orgueil détendu cessa d'être aussi fier, aussi terrible; et René, qui avait eu pour sa jeune femme le même amour et pour son enfant la même tendresse dévouée, s'aperçut enfin qu'il avait failli les tuer tous les deux.

Et comme l'âpre sentiment de l'honneur était satisfait et n'avait plus rien à craindre, il se sentit défaillir en songeant qu'en exagérant le scrupule, il avait martyrisé les seuls êtres qu'il aimât au monde de son bon grand cœur d'homme et de père.

Alors seulement il entrevit qu'il avait poussé l'orgueil jusqu'à la démence, et que, croyant bien faire, il avait été coupable.

Aussi, le même soir, le colonel fut tout étonné de le trouver coulant et docile. La question du déménagement ne trouva de la part du comptable aucune objection. Sans doute il faut dire que, prévenu de l'augmentation de ses appointements, il se regardait maintenant comme étant en mesure de faire face aux frais qu'allait imposer au jeune ménage un séjour à la campagne.

Avant toute réflexion, il fallait sauver les malades.

— C'est chez moi que vous vous rendez, lui dit le colonel, et vous payerez votre loyer, comme si nous ne nous connaissions pas. Quant au surplus, comme médecin, c'est moi qui suis votre obligé. Vous me mettez à même de me mesurer contre un mal assez rare dans mon ancienne riche clientèle, l'épuisement. Enfin courons au plus pressé, guérissons-nous!

L'installation des deux malades dans le pavillon de Montreuil se fit à l'heure dite et dans des conditions aussi bonnes que possible. Une garde intelligente, une brave Sœur de Charité, fut

chargée de seconder le docteur avec ce dévouement continu qui
semble dépasser la somme des forces humaines.

L'espérance qu'avait conçue le colonel de ce changement de
séjour ne se réalisa pas. Pour tout le monde, pour la religieuse
elle-même, il y avait du mieux, mais le docteur qui venait
deux fois par jour de Paris à Montreuil, s'aperçut bientôt
que le mal déjouerait les ressources de la science et celles du
dévouement.

Il se fit accompagner un matin par une des plus hautes notabilités de la médecine, et la conclusion de cette longue et
minutieuse consultation fut que ni l'un ni l'autre des deux malades
n'atteindraient la fin de l'année.

On était à la fin d'octobre.

Une autre consultation suivit de près celle-là. Le nouveau
médecin se contenta de déclarer qu'avant une semaine il y aurait
deux morts dans la maison.

— Ce sont, ajouta-t-il, deux plantes blessées à la racine, si
la blessure avait été pansée dès le premier jour, on aurait pu
les sauver peut-être; mais elles ont trop longtemps souffert, et tout
est dit.

Le colonel sentait trop bien que son illustre confrère avait
raison.

— Allons, se dit-il, puisque la Faculté se déclare vaincue,
redevenons *marcou!* N'ai-je pas jadis, ne sachant rien, opéré
des miracles ?

On se rappelle que le jeune *marcou* de Boynes, Isaac Planchon,
n'avait jamais procédé par des grimaces ou par des paroles. A
force d'expérimenter les simples, il s'était fait une matière
médicale puissante avec ces herbes vulgaires que nous foulons aux
pieds chaque jour. Je veux bien qu'un médecin pour de vrai,
lisant ces lignes, hausse les épaules et se mette à rire, mais ces
haussements d'épaules et ces rires ne détruiront pas ce fait
constant de guérisons opérées avec des riens.

Et je vous prie de ne pas oublier qu'à l'heure qu'il est le
savant médecin se trouve derrière le *marcou* pour le surveiller
ou le contrôler.

Le colonel se mit donc immédiatement en devoir de retrouver les plantes de sa jeunesse ignorante. Il parcourut les terrains accidentés qui furent d'anciennes carrières à plâtre, chercha dans les chemins creux, dans les vignes, partout et trouva ce qu'il cherchait.

Et résolûment il redevint *marcou*.

Au bout d'une douzaine de jours, il fit revenir en même temps ses deux illustres confrères, qui trouvèrent chacun des raisons pour démontrer que les maladies ont de ces évolutions inattendues et que la nature ramène de loin à la vie des malades que la science avait dû condamner.

Aucun d'eux ne s'informa du traitement suivi.

La seule chose qui les frappa bien, ce fut que la mère et l'enfant étaient dorénavant hors de danger.

La convalescence fut bien longue, mais enfin les malades ne s'arrêtèrent jamais un jour sur le chemin du mieux. Aux premiers soleils de mars, la jeune mère put reprendre la direction de son ménage, et Bébé, depuis plus d'un mois déjà, trottait, jouait, bruissait et avait retrouvé toute la fraîcheur de la santé.

Le *marcou* comptait deux guérisons de plus.

— Je ne m'ennuie pas avec vous autres, dit un de ces jours là l'excellent colonel, mais je m'aperçois que j'ai quelque peu négligé certaines affaires auxquelles je vais retourner.

Ce fut un cri de surprise douloureuse dans la maison du comptable, où le colonel avait gagné les cœurs par sa rondeur toute militaire aussi bien que par le prestige du service rendu.

René, n'osant dire un mot, le regarda dans les yeux. Et il tremblait.

— Eh bien, quoi? fit le colonel, vous désirez ma note?

— Il me semble....

— A moi aussi, mon cher, il me semble que vous vous montrez bien exigeant. Je n'ai pas le temps de la faire, moi, votre note.

— Colonel!

— Oh! je vous la ferai, pour sûr, car je ne donne pas ainsi mes coquilles. Oh! bien certainement vous l'aurez, votre note; mais donnez-moi le temps.

— Et vous allez quitter Paris ?

— Oui et non ; mais, si vous le permettez, je viendrai vous demander à dîner tous les dimanches. Vous êtes bien tous guéris, n'est-ce pas ? Allons, mes bons amis, au revoir.

Et le brave vieillard, en s'en allant, emporta les bénédictions de cette petite famille.

En rentrant à son hôtel, son premier soin fut de s'asseoir devant son secrétaire et d'y prendre une sorte de contrat écrit de sa main, en haut duquel il y avait : *Ceci est mon testament.*

Et il ajouta ces quelques lignes à la dernière page écrite :

« Je lègue par le présent codicille la somme de cinquante mille francs à mon petit ami Bébé, fils unique ce jour de M. René Bompart, etc., etc. »

— Ce petit diablotin, murmura le colonel en remettant son testament en place, il faut bien lui laisser un souvenir d'ami. Mes neveux, qui ne le valent peut-être pas, auront toujours assez.

VIII

Isidore Planchon.

Le colonel avait parlé de certaines affaires auxquelles il allait retourner.

Il s'agissait tout bonnement pour lui d'aller à la recherche de ses neveux, les fils de ses six frères de Boynes.

Eux, les frères, étaient morts, les uns depuis peu, les autres depuis longtemps. Une sorte de vent d'orage avait passé sur cette famille nombreuse et l'avait dispersée. Néanmoins, la race du vieux soldat à la jambe de bois n'était pas éteinte, tant s'en faut, puisque, malgré pas mal de décès arrivés dans la deuxième génération, le colonel avait la preuve matérielle que quinze neveux survivaient, dans les âges de trente-cinq à cinquante ans.

Mais la dispersion dont il a été parlé plus haut avait été si complète qu'il était bien difficile de les retrouver.

C'était une tâche assez ardue pour tenter l'esprit original du colonel. On est Américain ou on ne l'est pas.

Parmi les renseignements que l'oncle avait entre les mains, il s'en trouvait d'assez précis, relatifs à celui des quinze neveux qui avait fait le plus de bruit en ce monde et qu'on disait doué d'une certaine intelligence.

Il s'appelait Isidore Planchon, devait être âgé d'une quarantaine d'années, et avait passé quelque temps en Suisse ou en Belgique, à la suite de quelques démêlés avec la police politique de l'empire. Il avait, je crois, fait une propagande enragée en faveur d'un

conseiller général qui n'était pas l'ami du préfet. C'étaient les crimes
de ces temps-là. Chaque époque a les siens, comme elle a ses
modes.

De nouvelles recherches apprirent au colonel qu'Isidore était
le fils de celui de ses frères qui l'avait dénoncé jadis au procureur
du roi de Pithiviers. En ce moment, il était maître d'écriture
quelque part, soit dans un lycée, soit dans une maison libre,
mais bien certainement il enseignait les pleins et les déliés, les
jambages, les traits et toutes les jolies choses de la calligraphie.

Maître d'écriture... mais ça doit se trouver dans Paris, fût-ce
à Batignolles !

Un jour qu'il flânait dans je ne sais quel coin de la grande
ville, au quartier Latin peut-être, le colonel jeta, par hasard,
les yeux sur une affiche rouge sombre, en tête de laquelle se lisait
le nom d'*Isidore Planchon*, imprimé en lettres gigantesques.

Enfin, c'était mettre la main sur l'introuvable.

L'énorme placard rouge annonçait une conférence publique,
donnée dans une salle désignée, par le citoyen Isidore Planchon,
le jour même.

L'oncle s'y rendit; mais la salle était fermée par ordre, sans
doute parce que le conférencier avait omis de remplir les forma-
lités prescrites par la loi.

Les journaux racontèrent le lendemain que la police n'avait pu
permettre au citoyen de traiter en public un sujet scabreux qu'il
avait choisi pour sa conférence.

Mais les journaux, vous savez? c'est si cancanier !

Au reste, ils s'accordaient à dire que le citoyen Planchon, ne
voulant pas mourir d'une conférence rentrée, avait immédiatement organisé une réunion privée dans laquelle il dirait ce qu'on
lui défendait de dire en public.

Quelques heures plus tard, l'oncle avait une lettre d'invitation.
Si vous me demandez comment cette lettre lui était venue, je vous
répondrai que je n'en sais rien, mais qu'apparemment elle avait
passé par les mains d'une autre personne, puisqu'elle n'était pas
à son nom. Toujours est-il qu'elle lui donnait le droit d'assister
à la soirée.

Il s'y rendit de bonne heure, afin de jouir du coup d'œil et de se faire nommer les notabilités du parti qui ne manqueraient pas d'honorer la réunion de leur présence. Son premier désir était, cela se conçoit, de voir comment son illustre neveu se présentait devant le public.

Le nom de la salle importe peu, je l'ai oublié, mais il y avait du monde.

Et gare! gare! voilà le citoyen Planchon qui va paraître.

L'oncle avait froid dans le dos. Une émotion de famille, quoi donc! Qui de nous n'en a pas?

Chez le colonel, l'émotion dura peu. Elle se changea en un malaise occasionné dans cette grande nature par la piètre physionomie du conférencier.

Isidore Planchon était d'une taille au-dessous de la moyenne, ce qui n'est pas un défaut; mais sa figure longue et plate, imberbe, parcheminée, ressortait mal sur un arrière-plan de cheveux noirs retombant sur les épaules.

A tout prendre, il était laid, ce petit, mais laid de cette laideur qui repousse et qui sent son vilain homme au moral. Sanglé dans sa petite redingote noire qu'il portait boutonnée jusqu'au col, il eût pu être pris pour un agent de police, n'eût été sa longue chevelure qui trahissait l'homme d'une profession libérale.

A son air chétif et maigriot, on croyait deviner qu'il avait longtemps fait triste chère, et son teint bilieux et jaune annonçait des instincts envieux et âpres.

Je ne saurais vous donner une idée plus vraie, plus exacte, plus ressemblante de ce petit docteur en ronde et en bâtarde qu'en vous demandant s'il vous est parfois arrivé de laisser à une patère, dans votre antichambre et pendant deux semaines, un de vos chapeaux de feutre ou de soie. La poussière impalpable s'y est accumulée molécule à molécule et a fini par former une sorte de coiffe qui a pris la forme des moindres aspérités du couvre-chef. Cela prend un ton gris, mat, éteint, opaque, vieillot, qui n'a rien de caressant pour le regard.

Tel se trouvait le citoyen Planchon, professeur de belles-

lettres : un chapeau de feutre oublié quinze jours à une patère !
— Pas beau, le rejeton ! murmura le colonel.

Mais l'habit ne fait pas le moine, il le répare seulement, et le professeur pouvait bien racheter par le moral ce qui manquait au physique et suppléer à la beauté défectueuse par l'éclat du talent.

Malgré l'horrible verrue qu'il portait sur le nez, la République romaine n'eût point troqué son Cicéron contre le plus bel Adonis.

L'assemblée n'était pas une cohue. Il y avait à peine deux cents personnes dont la plupart semblaient appartenir à la classe ouvrière. On ne se traitait que de *citoyens*.

Le président, que le colonel ne connaissait point, mais qui paraissait jouir d'une certaine popularité, donna la parole au citoyen Planchon.

Le colonel s'assit commodément, une main repliée en coquille derrière son oreille, pour ne pas perdre un mot de ce que l'orateur allait dire. Il ne demandait pas mieux que de trouver Planchon sublime. Un oncle est un autre père qui a toujours une certaine faiblesse à l'égard des siens.

Le conférencier commença d'une voix aigre et parut se mettre aussitôt au diapason de la colère. Pourquoi? Personne n'en savait rien, puisque tout le monde semblait être de parti pris sympathique à l'orateur.

Enfin, chacun débute comme il l'entend. Planchon se sentait peut-être le besoin de s'animer pour entrer dans ses moyens. Les phrases du commencement s'allongeaient filandreuses et traînantes ; mais une fois l'animation venue, le petit homme, plus maître de lui, devint plus net, plus serré, et termina son exorde en annonçant qu'il allait traiter la vitale et brûlante question du partage des biens.

A l'entendre, tous les hommes de son parti, petits et grands, partageaient à cet égard son opinion, mais personne n'avait le courage de l'avouer. Lui, Planchon, prolétaire, venait donc attacher le grelot à cette grande idée.

Le colonel fit passer au président la carte au moyen de laquelle il était entré et qui portait le nom de Durandin.

— Je demande la parole pour une simple question, dit-il en levant la main.

— Votre nom?

— Vous avez ma lettre.

— Le citoyen Durandin a la parole pour une simple question.

— Je demanderai à l'honorable orateur s'il a sur lui l'*avertissement* qu'on reçoit au commencement de l'année pour le payement des impôts.

— Avons-nous de faux frères ici? cria l'orateur.

— Permettez, citoyen, j'ai été poli.

— A quoi tend votre question?

— A ceci que vous aurez d'autant plus de mérite à traiter cette question que vos impôts seront plus forts, puisqu'ils constateront que vous êtes riche. Si vous n'avez rien, ce que je suis loin de regarder comme un crime, alors je vous admirerai moins, puisque vous serez juge et partie. Vous pouvez continuer, citoyen; j'ai dit!

Isidore Planchon répondit qu'il était trop fanatique ami de la liberté pour demander l'expulsion de l'interrupteur; mais qu'il pourrait à son tour demander à l'indiscret s'il n'avait pas en poche une carte de la police.

— Citoyen, je répondrais : non, non, non! Je me contente de prendre mes opinions dans ma conscience.

Ces dernières paroles avaient été prononcées avec un accent tel que le public, se mettant du côté de l'interrupteur, avait souri.

Et Planchon, sans broncher, continua.

— Tout, dit-il, appartient à tous, et je me demande pourquoi la sagesse d'un gouvernement fort ne corrigerait pas les erreurs du hasard. Le citoyen qui m'a fait l'honneur de m'interrompre tout à l'heure est sans doute un privilégié de la fortune. Que répondrait-il si l'un de nous lui demandait à quel propos la fortune l'a comblé de ses dons, peut-être même dès le berceau?

— Voulez-vous que je réponde?

— Oui, oui, répondez! crièrent cent voix avec instance.

Devant ces dispositions de l'assemblée, le président ne put que faire de la tête un signe affirmatif.

— Citoyen, j'avoue sans honte ma fortune; mais j'en suis l'unique ouvrier. Je sors d'une famille où les frères ressemblaient vaguement aux enfants de Jacob. On se vendait volontiers. Je suis parti du pays avec dix francs reçus d'une belle-mère. Je me suis enrichi honnêtement. Serais-je plus votre ami si j'avais, la nuit, attendu les passants au coin d'un bois, l'escopette au poing ? Vous voyez bien que nous allons finir par nous entendre.

De chaleureux bravos accueillirent cette déclaration de l'inconnu.

Le colonel se remit sur sa chaise, toujours la main derrière l'oreille.

Ces réunions populaires, privées ou publiques, ont cela de particulier qu'on ne sait jamais d'avance si elles seront sauce ou poisson, souriantes ou colères.

Ce soir-là, le public de Planchon paraissait avoir besoin de s'amuser aux dépens de n'importe qui, même aux dépens du conférencier.

C'est décontenançant, mais qu'y faire ?

— Prenons le taureau par les cornes ! s'écria l'orateur après avoir pris certaines précautions de langage. On ne m'a pas permis de le faire dans une réunion publique, mais ici je veux dire ce que j'ai sur le cœur.

Et il but une gorgée d'eau sucrée.

— La France, reprit-il avec un air de mystère, la France est un pays qui vaut financièrement quatre cents milliards. J'entends par là les richesses nationales et les propriétés privées, or, argent, biens fonds, palais, maisons, monuments, tout ce qui possède une valeur, doit, en un mot, concourir à former cet immense capital. J'ai passé des années de ma vie à parfaire ce monstrueux total, et je puis le livrer à la statistique sans craindre la moindre contradiction sérieuse.

Un grand nombre de personnes regardèrent du côté du grand vieillard inconnu comme pour le pousser à intervenir.

Le colonel, n'ayant là-dessus aucune notion précise, ne bougea pas. Il écoutait même avec beaucoup d'intérêt.

L'orateur continua :

— Je dis donc quatre cents milliards. Supposez maintenant en France trente-cinq millions d'êtres vivants, ce qu'on appelle vulgairement des âmes....

Et Planchon, matérialiste, essaya de sourire avec esprit en lançant cette pierre dans le jardin de ceux qui croient que l'homme a quelque chose de plus qu'un veau.

— Supposez, ce qui est vrai, trente-cinq millions de têtes humaines en France, et faites le partage. Cette opération d'arithmétique se résout par un quotient de onze mille quatre cent vingt-huit francs, cinquante-sept centimes. Or, dans notre pays, d'après une autre statistique, il n'y a qu'un individu sur cent quatre-vingt-sept qui possède cette somme, et scandale effroyable, il est des gens qui ont cent fois la même somme. Or, si chaque prolétaire reçoit sa part de onze mille quatre cent vingt-huit francs, cinquante-sept centimes, voilà tout le monde à l'aise et la misère disparaît du coup. Si j'ai l'honneur d'entrer à la Chambre, je serai le champion de ce partage qui, pour le dire en finissant, est la seule question de l'époque; toutes les autres y sont contenues.

— J'aime les choses ainsi posées, dit le colonel et puisque l'honorable orateur vient inopinément de produire dans cette réunion sa candidature à la Chambre, nous ferions œuvre utile de répondre à ses avances. Le citoyen président le permet-il?

— Oui! oui! oui! recommença-t-on de toutes parts.

— J'accepte les questions, ajouta Planchon, je les accepte toutes!

— Je demande à en poser quelques-unes, fit le colonel en se levant.

— Oui! oui! oui! reprit le public, qui décidément présidait pour le président.

Isidore Planchon s'assit, les bras croisés sur le bord de la tribune, et prenant des airs d'augure.

— Je reviens sur une idée de votre conférence, afin de savoir si vous êtes mûr pour la représentation nationale. Nous ne voulons voter qu'à coup sûr, et j'aime à croire que vous allez nous satisfaire pleinement.

Planchon s'inclina. Son ours renfonçait ses griffes.

L'auditoire, de son côté, sembla craindre que la bataille ne fût qu'une lutte de courtoisie.

Mais cette crainte dura peu.

— Vous dites donc, citoyen; et vous me paraissez trop fort en calcul pour que j'ose vous contredire, vous dites que la part de chacun sera de onze mille quatre cent vingt-huit francs, cinquante-sept centimes. Il y a peut-être même une fraction en plus. Mettons la somme ronde, et dites-moi comment on mettra chaque partie prenante en possession de sa quote part. L'obélisque vaut de onze à douze cent mille francs, comme monument national. Il représentera donc cent parts. Cent Français choisis par le hasard, un orateur, un bébé, un général en chef, une danseuse de l'Opéra un aveugle à clarinette, etc. Il y aura de tout dans vos cent propriétaires de l'obélisque de la Concorde. Que feront-ils du monolythe égyptien?

— C'est une plaisanterie, répondit Planchon avec aisance.

— Je n'ai pas du tout l'intention de plaisanter, et je ne veux pas vous apprendre ce que vous savez aussi bien que moi, à savoir qu'on ne juge bien un principe qu'en le poussant à ses dernières conséquences. Maintenant s'il vous échoit à vous, pour votre quote part, un cabriolet sans cheval, une brouette, une guérite avec une colonne vespasienne et un pétrin, veuillez nous dire si vous serez beaucoup plus heureux qu'aujourd'hui?

— On ne répond pas à de pareilles objections, recommença le conférencier.

— Mais si! mais si! cria le public en se tordant de rire.

— Je me représente, continua le colonel avec un flegme tout américain, je me représente un lot formé d'une moitié de place publique, d'un âne et d'une obligation du Mexique échéant à un professeur; un autre lot composé d'une arche de pont sur le Var et d'un rouleau à macadam, et obtenu par une ouvreuse de l'Odéon; un troisième où se grouperont un tas de pavés, une canne de Voltaire, deux poteaux télégraphiques, trois porcelaines de Sèvres, une râtissoire de cantonnier avec la lanterne d'un phare, le tout échéant à un coiffeur.

— Citoyen....

— Permettez, je vais finir. Si le tirage n'est pas fait au hasard, vous corrigerez la chance, et j'aurai le droit de me plaindre. Quand il s'agit d'un partage loyal, il faut s'en remettre au sort. Si vous me répondez bien, je vous déclare que personne n'est plus digne que vous d'aller à la Chambre.

— Ai-je affaire à un homme sérieux ?

— Très-sérieux, citoyen.

— Alors vous ne m'avez pas compris.

— Soit ; répondez.

— Le vrai de la chose est que je reçois des titres sur l'Etat pour mes onze mille quatre cent vingt-huit francs, cinquante-sept centimes et que je suis riche d'autant. Tout le monde est riche de la même somme.

— Qu'est-ce qu'une richesse consistant en un capital dont je ne puis disposer et qui ne me rapporte aucun intérêt ? A ce titre, je puis me regarder comme propriétaire des tours Notre-Dame et du musée de Brives-la-Gaillarde.

— Tout appartient à l'Etat.

— En ce cas, citoyen, c'est le partage de Montgommery : tout d'un côté, rien de l'autre. Laissez-moi vous dire que nous allons finir par ne plus nous entendre du tout. J'aime mieux terminer par une simple réflexion : vous prêchez des principes auxquels vous ne croyez pas, mais auxquels se laissent prendre une foule de gens qui n'ont pas le loisir de les examiner. Et c'est toujours un tort, citoyen, que de s'adresser aux mauvaises passions.

— Je veux répondre en deux mots à l'attaque violente dont je viens d'être l'objet. Je suis l'esclave de mes principes et je n'en déclare pas moins haut que, pour ce qui me concerne, je mets la fortune au-dessous de tout ce qui peut séduire un homme de cœur. Je hais l'or, je méprise l'argent, je ne demande l'aisance que pour le prolétaire. Ma joie en ce monde à moi, mon idéal, c'est le pain quotidien gagné à la sueur de mon front, c'est le travail ! Et j'autorise mes ennemis à me déshonorer, si jamais on me surprend à courir après la fortune.

— Alors, citoyen, fit le colonel en saluant, vous valez mieux personnellement que votre conférence.

Et le vieillard sortit sans que personne pût se rappeler l'avoir vu quelque part dans le quartier, ni ailleurs.

Il se jeta dans sa voiture qui attendait à l'angle d'une rue voisine et partit à la plus rapide allure.

Le soir, avant de se mettre au lit, il écrivit les deux nouvelles lignes suivantes sur son testament :

« A la suite d'une conférence donnée par mon neveu Planchon Isidore et assez contraire à mes idées, j'ajoute cinquante mille francs au legs fait ci-dessus au fils de M. René Bompart, mon petit ami. »

IX

Le maître d'armes.

Vers 1860, c'est-à-dire une quinzaine d'années avant l'époque où se passent les faits que je viens de raconter, un maître d'armes d'un régiment de passage à Orléans avait eu maille à partir avec quelques jeunes gens de la ville.

C'était au théâtre. Un grand artiste parisien donnait quelques représentations, et chose rare dans cette bonne ville qui a toujours l'air de dormir, la salle était comble.

Le maître d'armes, ayant le gousset garni, s'était donné le luxe d'un fauteuil à l'orchestre, au milieu de la jeunesse cossue et des habitués. Dans ces rangs pressés d'habits noirs, l'uniforme du sous-officier détonnait. On ne se gêna pas pour le lui faire comprendre. Encore si c'eût été quelque jeune militaire, un fils de famille égaré sous l'uniforme et trahissant son origine par de grandes manières, on aurait compris sa présence au milieu du public élégant.

Mais un briscard! un chevronné! un sergent de trente ans passés! Peuh!...

Dans la bonne ville d'Orléans, on a de l'esprit jusqu'au bout des ongles, on est taquin parfois jusqu'à l'extrême, mais on n'est ni querelleur ni méchant. Aussi je me hâte de déclarer que mes jeunes gens, employés dans je ne sais quelles grandes administrations, n'étaient pas des indigènes.

Ils paraissaient bien décidés à faire déguerpir le sergent. Voyant

que le brave voisin ne comprenait ni leurs sourires ni leurs demi-
mots, ils ne se retinrent plus.

— Je vous en prie, Messieurs, leur dit à la fin le militaire,
laissez-moi du moins entendre ce qui se dit sur la scène.

— Mais, sergent, sommes-nous à la caserne ici?

— A la caserne, je vous laisserais causer; mais ici....

— Vous auriez la prétention de....

— Mon Dieu, oui, Messieurs, vous le devinez.

En ce moment le rideau tomba.

Les trois jeunes gens se levèrent pour sortir, en riant aux
éclats.

Le sergent les suivit jusqu'au foyer et les aborda résolûment
avec la plus exquise politesse.

— Je ne suppose pas, Messieurs, leur dit-il, que vous ayez
pu vouloir offenser un militaire qui paye son fauteuil comme vous
avez payé le vôtre?

Un des trois attendit à peine le dernier mot pour répondre :

— Supposez ce que vous voudrez.

— Permettez, vous cessez d'être poli.

— Ceci, c'est notre affaire.

— Est-ce votre dernier mot?

— Non, l'avant-dernier. Le dernier, le voici : nous n'avons
nullement affaire à vous. Vous pouvez vous retirer.

— Vous me mettez bien à l'aise pour vous répondre. A votre
tour, écoutez bien ceci : je vous défends de rentrer dans la salle,
au moins près de moi.

— Vraiment?

— C'est mon dernier mot, à moi.

Une pareille défense était raide. Mes trois jeunes gens se
hâtèrent de rentrer et de s'installer commodément dans leurs fau-
teuils.

A son tour le sergent rentra, mais avec des plis sur son visage
cuivré. Cependant, comme c'était une bonne âme, il se contint,
espérant que les trois fous tiendraient compte de ce qu'il avait dit.

Ils firent pis qu'à l'acte précédent.

Avertir le commissaire de la salle par l'ouvreuse eût été peut-être le moyen plus simple de couper court à ce tapage, mais le sergent n'y songea pas. Il attendit avec une patience que ses voisins prirent pour de la faiblesse.

A l'entr'acte, il les suivit encore, et les pria de lui dire auquel des trois il devait présenter sa carte et demander la sienne en échange.

Les trois fous, devenus sérieux, se regardèrent.

Le sergent tira une carte d'un petit portefeuille en cuir de Russie, et ce coin de papier portait :

JEAN-LOUIS PLANCHON
sergent maltre d'armes au 10ᵉ régiment.

— Et si vous rentrez maintenant, Messieurs, je vous donne ma parole qu'au risque d'un scandale dont vous serez la cause, je vous gifle tous les trois en pleine représentation. Une de vos cartes, s'il vous plaît?

Les trois amis se consultèrent d'un regard et se comprirent vite, car ils détalèrent avec un ensemble parfait.

Le sergent put entendre la fin de la pièce sans la moindre distraction.

Le régiment faisait séjour le lendemain dans la ville, et par un hasard assez étrange, le maître d'armes arrivait ce même jour au terme de son second congé.

Bien que sa position comme sous-officier dépassât de beaucoup en avantages celle des autres sous-officiers du corps, le sergent Planchon, qui avait des économies, et qui savait qu'un vieux maître d'armes dans un régiment perd de jour en jour son prestige, avait depuis un certain temps décidé de profiter de son reste de jeunesse pour s'établir dans quelque ville importante et d'y monter une salle.

S'étant donc enquis des ressources que sa profession pouvait trouver à Orléans, il prit son congé pour s'y fixer.

Bien entendu, l'excellent homme ne songeait plus à ce qui s'était passé la veille au théâtre.

Mais certaines personnes qui avaient suivi la scène du sergent

avec les jeunes gens, l'ébruitèrent, et le maître d'armes eut
bientôt, sans la mériter, la réputation d'un mangeur d'hommes.

Comme tous les préjugés, celui-là ne fit que croître et em-
bellir. Planchon, le maître d'armes, eût pourfendu, croyait-on,
quiconque eût osé le regarder de travers.

Au bout de dix ans, il n'avait encore fendu personne en deux,
mais il s'était fait une position assez belle. Vieux garçon, logé
dans le faubourg Bannier à peu de frais, économe à friser l'ava-
rice, il devait avoir fait une gentille pelote, et mis pas mal de
pain sur la planche de sa vieillesse.

En tous cas, on ignorait tous ces détails, et l'on se contentait
de savoir que le maître d'armes, très-fort dans sa profession,
jouissait d'un caractère à ne rien endurer.

Il avait une salle modeste au centre de la ville, place de
l'Etape, entre la cathédrale, la préfecture et la mairie, au fond
d'un jardin.

En huit jours de résidence dans la ville, le colonel apprit
tous ces détails et voulut étudier le maître d'armes dans sa vie
privée.

— S'il est brave autant qu'on le dit, pensa-t-il, je veux lui
laisser une grosse part de mon avoir; j'aime les vaillants, et si
ce qu'on dit est vrai, j'ai mis la main sur un gaillard qui n'est
pas pour rien le petit-fils de Jean Planchon, l'ami de Jourdan,
général en chef de l'armée de Sambre-et-Meuse.

Brave? Le colonel eut presque tout de suite l'occasion d'en
douter.

Le maître d'armes donnait assez souvent chez lui, place de
l'Etape, des assauts auxquels il conviait le public. Une manière
de faire de la publicité et d'attirer des élèves.

Une de ces fêtes du fleuret allait avoir lieu. Le colonel s'y
rendit, en payant son entrée comme le dernier des curieux, et
se plaça de manière à n'être point remarqué.

Ces assauts ne peuvent avoir en province l'intérêt drama-
tique qu'ils ont à Paris. Cependant il y avait du monde, et
quelques amateurs relevèrent le gant qui leur fut jeté. Des
élèves de la salle luttèrent avec un brio remarquable pour ouvrir

la séance, et bientôt ce fut le tour des amateurs provoqués par le maître.

Parmi ceux-là se trouvait un petit homme de trente-cinq ans, qui se dressa devant le professeur en lui disant :

— Souvenez-vous!

— Vous dites, Monsieur?

— Je dis : souvenez-vous!

— De qui ou de quoi?

— D'une soirée au théâtre de la ville.

— C'est que... les soirées... il y en a bien souvent, Monsieur. Si vous voulez bien être plus précis....

— Vous étiez sergent....

— Et ?...

— Et vous mîtes trois jeunes gens à la porte du théâtre.

— Je me souviens, en effet.

— Des enfants alors, Monsieur.

— Des enfants taquins.

— Et qui sont devenus des hommes.

— Est-ce que j'aurais l'honneur de ?...

— Oui, Monsieur, j'en suis un.

— Enchanté! fit le maître d'armes en saluant avec cette politesse quelque peu théâtrale en usage dans la profession.

— Je vous ai tenu rancune.

— Vous avez eu tort.

— Peut-être bien. Mais la leçon que vous nous avez donnée jadis au théâtre, je viens vous la donner chez vous en passant dans la ville.

— Soyez le bienvenu.

— En garde!

Et les deux champions se campèrent fièrement en face l'un de l'autre, le professeur calme et sûr de son fait, l'autre avec une figure rageuse.

La salle entière, qui n'avait pas entendu ces paroles, devint tout à coup sérieuse. Instinctivement on sentait qu'il y avait autre chose entre ces deux hommes que l'envie commune de se mesurer dans une lutte courtoise.

L'amateur attaqua vivement, et le professeur comprit aux premiers coups qu'il avait devant lui, au bout de son épée, un adversaire redoutable.

Dans ce jeu terrible de l'arme blanche, l'œil et le poignet sont des éléments de force dont l'exercice augmente la valeur. Mais si vous supposez un peu de colère passant de l'âme dans la main qui tient l'épée, vous aurez d'un habile un maître, d'un amateur brillant un spadassin.

Tel fut le cas du petit homme qui luttait contre le maître d'armes. Mais celui-ci connaissait toutes les ressources de l'escrime et parait avec aisance les coups forcenés qui pleuvaient sur lui.

En quelques minutes, l'engagement devint sérieux.

Mais il fut impossible à l'inconnu de toucher une fois le professeur.

Et sa colère montait.

Evidemment c'était perdre ses moyens. Quiconque tient un fleuret doit garder le sang-froid le plus absolu. Dans la salle, on n'entendait pas un souffle.

— Attaquez donc! mais ripostez donc! fit l'amateur d'une voix sourde.

— A quoi bon?

— Vous refusez? fit l'inconnu en baissant son épée.

— Mais je vous laisse tout l'avantage.

L'homme répondit en jetant son arme dans les jambes du professeur. Grand scandale qui souleva des cris d'improbation dans la salle.

M. Planchon se contenta de sourire en promenant un regard sur les spectateurs.

— Son grand-père n'eût pas enduré cette injure, pensa le colonel. De ce grand vieux soldat de Jourdan est née une poule. Ce n'est donc pas par le courage que brille son neveu. Nous verrons s'il a d'autres qualités.

Et comme le vieillard était près de la porte, il sortit sans être remarqué.

Le lendemain dans la journée, il entrait dans un cabaret du Quai où déjeunait le maître d'armes.

Ce dernier, visant à l'économie, prenait ses repas chez un pêcheur de Loire qui donnait à boire et à manger. La cuisine n'était pas élégante, mais on y trouvait des fritures à bon compte, et la dépense de Planchon n'allait souvent pas au delà de quinze sous.

Le colonel, qui avait fini par découvrir ce restaurant borgne, y était arrivé quelques minutes après le maître d'armes, dans une toilette extrêmement simple.

Il s'assit en face de Planchon, à la même petite table, et demanda pour quelques sous de friture.

— Le hasard me met, si je ne me trompe, en présence d'un collègue, dit-il en grignotant son premier goujon.

— Peut-être bien, Monsieur.

— Vous êtes M. Planchon, n'est-ce pas ?

— Pour vous servir.

— Professeur d'escrime ?

— Oui, Monsieur.

— Je viens, en effet, d'entendre prononcer votre nom.

— Vous n'êtes pas de la ville ?

— Oh ! Monsieur, je suis seulement de passage à Orléans, et je retourne à Paris où j'espère trouver quelques ressources.

— A Paris, on en peut trouver, fit Planchon en se hâtant de manger pour sortir.

— Sans doute, repartit le colonel, mais il faut pouvoir y arriver, et j'avoue n'avoir pas de quoi payer ma place pour y retourner.

— Tant pis....

— En qualité de collègue, si vous pouviez....

— Je ne peux rien.

— Voyez, je suis vieux, cassé....

— Ceci, c'est votre affaire, riposta durement le maître d'armes qui avalait de travers.

— Voulez-vous être miséricordieux ?

— D'abord, Monsieur, je ne vous connais pas. Chaque jour, on rencontre des gens qui se font juste vos collègues pour vous demander de l'argent.

— Oh! permettez, j'ai des cartes sur moi.

— Ça m'est bien égal.

— Vous êtes bien dur, M. Planchon.

— Chacun est ce qu'il est, fit sentencieusement le maître d'escrime en s'en allant sans même payer son écot.

— Je sais bien qu'on n'ouvre pas ainsi sa bourse au premier venu, se dit le colonel, mais mon coquin de neveu me fait l'effet d'un cuistre; il a besoin d'une leçon.

Disons tout de suite que, de toute la semaine, Planchon ne revint pas au cabaret du Quai, craignant d'y rencontrer le grand vieux mendiant. Aussi pourquoi ce vieillard, ayant été maître d'escrime, n'avait-il pas déjeuné d'une friture chaque jour en sa jeunesse, afin de se ménager un peu d'aisance pour ses vieux jours ?

Jusqu'au dimanche suivant, il avait été obsédé par la pensée de ce grand vieux qui avait osé lui demander de quoi payer une troisième en chemin de fer pour Paris.

Ce dimanche, comme le précédent, Planchon donnait un assaut public... et payant, bien entendu.

Le colonel, qu'on aurait pu croire parti pour tout de bon, avait employé quelques jours de cette semaine à visiter Boynes, le berceau de sa famille et le théâtre de ses exploits comme *marcou*.

Il ne s'y était point fait reconnaître, mais il y avait néanmoins laissé des marques de sa munificence princière.

Puis il était allé plier le genou sur la tombe à peu près abandonnée du vieux soldat son père.

— Tes petits-fils, au moins ceux que j'ai retrouvés, ne te ressemblent pas, ô loyal et bon grand-père ! A eux tous ils ne feraient sans doute pas ta monnaie.

Le scandale du dernier assaut avait couru dans Orléans et amenait la foule, ce dimanche-là, dans la petite salle de la place de l'Etape. Planchon se frottait les mains.

Au milieu de la séance, une voiture, conduite par les deux meilleurs chevaux qu'on eût pu trouver dans la ville, s'arrêta devant la salle, et il en descendit un grand vieillard sec, raide, imposant, dans une toilette de ville irréprochable, qui y fit son entrée avec un certain apparat.

Un valet de pied le suivait.

Planchon, qui n'avait jamais guère reçu l'honneur d'une pareille visite, s'avança pour saluer et ouvrir les rangs serrés de son public....

Et il se passa la main sur le front.

Où donc avait-il précédemment rencontré ce grand vieillard qui portait si crânement le poids des années? Il n'eût pu le dire, mais il était bien certain qu'il l'avait déjà vu quelque part.

Il faut dire qu'au cabaret du Quai, le jour éclairait faiblement la salle, et que, l'eût-il éclairée davantage, Planchon, ne voulant pas céder aux obsessions du vieux collègue, ne l'eût guère mieux vu. Il était resté tout le temps le nez sur son assiette, et n'avait pas une seule fois levé les yeux. A peine l'avait-il aperçu en se sauvant.

Cependant, sa mémoire avait gardé comme une vague image de ce vieillard à cheveux blancs.

Il trouva deux chaises, une pour le maître, une autre pour le valet de pied.

— Pardon, fit le colonel en repoussant la chaise d'un geste; il me faut prendre le train de quatre heures, et je désire me mesurer avec vous, si les personnes qui ont retenu leur tour avant moi veulent bien le permettre.

En vingt secondes, l'affaire s'arrangea. En vingt autres secondes, le vieillard et Planchon furent en présence.

— S'il vous plaît, fit le colonel en saluant, attaquez et faisons vite. Je ne suis pas maître de mon temps.

— A vous l'honneur, Monsieur.

— Non, non, attaquez!

La salle entière se leva.

Planchon s'imagina d'abord avoir affaire à quelque vieil original, cherchant une occasion de se donner en spectacle, et ne mit en jeu qu'une partie de ses moyens.

— Allons, Monsieur, allons! fit le colonel avec un flegme glacial, est-ce que vous me ménagez?

Planchon, toujours un peu courtois, serra néanmoins de plus près son adversaire, mais sans parvenir à l'effleurer. Ce vieillard impassible avait l'air de s'être fait de son épée un rempart mobile, impénétrable.

A pareil jeu, le plus calme se pique vite d'honneur. Planchon, qui voyait ce mur d'airain devant lui, qui entendait les murmures de surprise dans la salle et qui avait à sauvegarder sa réputation de professeur, déploya toutes ses ressources et fit appel aux meilleurs coups de son répertoire.

Et toujours sans toucher.

A la fin, n'en pouvant plus, outré de ce flegme qui le bravait, il usa de deux ou trois stratagèmes que tout maître d'escrime a toujours dans son sac comme ressource suprême.

Mais résultat nul.

— Vous êtes d'une belle force à la défensive, Monsieur, dit-il en abaissant son épée.

— Seulement?

— C'est tout ce que je sais de vous.

— Alors, voyons la contre-partie. En garde! monsieur le professeur!

Terrible chose qu'une arme dans les mains d'un homme qui sait la manier comme fit le colonel. Son épée flamboyait dans ses doigts; on eût dit un éclair fendant l'espace. Et de dix secondes en dix secondes, le maître d'armes recevait une botte en pleine poitrine.

Et comme cela jusqu'à douze!

Le colonel abaissa son épée, tira sa montre de dessous son plastron, regarda l'heure et dit :

— Il me reste assez de temps, Monsieur, pour vous toucher une vingtaine de fois encore!

Planchon salua pour remercier, chercha dans sa tête un petit compliment à l'adresse de son redoutable adversaire et s'empêtra dans la phrase.

Le vieillard déposa son fleuret dans un angle, salua le public, et adressa quelques mots en anglais à son valet de pied, puis il sortit.

On devine combien durent marcher les langues au sujet de cet
assaut invraisemblable dans lequel le professeur avait si peu
brillé; mais lui, le brave avare, il n'éprouva de son échec qu'un
sentiment de plaisir. Est-ce que ce badaud de public n'arriverait
pas maintenant à ses réunions en foule, espérant y trouver l'appé-
tissante surprise d'un autre mystérieux vieillard?

Mais de blessure à son orgueil, point.

C'est l'histoire de l'*herbe aux gueux*, quant au pauvre. Au
moment où les mendiants marchaient en bandes et faisaient métier
d'aller de village en village et de porte en porte, ils cassaient dans
les haies une branche de *clematis vitalba* ou clématite commune,
dont les feuilles ont des propriétés vésicantes; ils s'en frottaient
un bras ou la figure pour y déterminer une érosion et appeler
ainsi sur eux la pitié publique.

Les coups reçus par Planchon, bien douloureux pour l'orgueil
d'un autre, étaient pour lui de l'*herbe aux gueux*.

X

Les numéros suivants.

Le colonel rapportait d'Orléans une triste idée du maître d'armes, son neveu. Aussi s'empressa-t-il de porter cinquante nouveaux mille francs au profit de Bébé sur son codicille.

Au train dont marchaient les choses, M. Bébé promettait de devenir bientôt un presque millionnaire. Si je sais compter, son legs montait à cent cinquante mille francs.

A la place du colonel, un autre oncle eût abandonné l'idée de retrouver la série de neveux dont les deux premiers spécimens n'avaient rien de bien tentant. Mais autant par ténacité que par esprit de famille, il ne montra pas la moindre hésitation.

Il reprit donc de nouvelles pistes et continua ses recherches.

D'après des notes qui lui avaient été remises tout récemment, trois autres neveux, moins bien partagés, se trouvaient sur une sorte de ligne droite partant de Paris, passant par Nemours et allant aboutir à l'extrémité du département du Loiret, sur les confins de l'Yonne.

A Nemours, dans la rue principale de la ville, au coin d'une place, était une mercerie en haut de laquelle on pouvait lire cette enseigne :

PLANCHON-PLANCHON
Modes. — Bonneterie. — Mercerie. — Lingerie.

Celui-là, par exemple, eût dû s'appeler Coq-en-pâte. Mme Planchon, qui n'était pas plus cousine de son mari que vous ou moi, quoique portant le même nom, était une maitresse-femme qui avait créé sa maison de commerce avec une intelligence et une activité de premier ordre. Elle s'était servie d'abord de son mari comme de garçon de magasin ; mais quand vint l'âge et avec l'âge l'aisance, elle eut l'orgueil de sa fortune et lui signifia d'avoir à ne plus s'occuper des affaires.

M. Planchon, qui n'avait jamais été doué d'une énergie bien grande, ne demanda pas mieux que d'obéir.

Il y avait à la maison trois enfants qui poussaient, et dont la mère n'avait guère le temps de s'occuper. M. Planchon devint bonne d'enfants; puis, quand ses pupilles s'en allèrent en pension, il essaya de cultiver de ses mains un jardinet qu'il avait acheté dans un faubourg.

Ces maris faibles et désœuvrés, on ne devrait jamais les perdre de l'œil. Figurez-vous qu'une fois libre, ce riche mercier n'eut plus qu'une idée, mais une idée fixe, irrésistible, celle de vivre en sybarite.

D'abord, il se dispensa de bêcher le jardin, sous prétexte qu'il n'avait pas l'habitude de remuer la terre. Ensuite, comme il ne savait ni planter, ni semer, ni tailler, ni palisser, ni même arroser en juste proportion, il prit un jardinier de temps en temps pour ces diverses besognes. D'où vous pouvez conclure que sa part de travail manquait absolument d'importance.

Avant le déjeuner, il allait au vin blanc; après le déjeuner, il eût été malade s'il n'eût été dormir quelques heures dans la cabane de son jardin.

Le soir, il retournait au café.

A la maison, monsieur tàtillonnait, bougonnait, dérangeait tout en voulant ranger, se trouvait dans les jambes de tout le monde. Aussi le priait-on volontiers d'aller prendre l'air et de courir un peu pour sa santé.

Ces bons hommes qui sont longtemps au comptoir et qui s'émancipent un peu sur le tard, font l'effet d'huîtres qui ont grossi sur le banc natal et qui s'en iraient se promener dans les vagues pour se dégourdir un peu.

A Nemours, on s'amusait un peu de M. Planchon-Planchon.

Ce richard contait au premier venu qu'il était riche, qu'il possédait une femme incomparable, et que ses enfants dépassaient tous les autres en savoir et en esprit. Sa conversation ne sortait pas de là. Du premier janvier au trente-un décembre, il ne vous parlait que de lui, de sa femme et de ses héritiers présomptifs.

Le colonel s'arrêta près d'une semaine à Nemours pour étudier ce bonhomme pansu. Naturellement il ne put le voir ailleurs qu'au café. Ce qu'il pensa de ce Planchon-Planchon, vous le devinez sans doute.

Le dernier jour, il se trouva comme par hasard assis à la même table. Planchon fumait sa pipe, accoudé sur le marbre, devant un bock, attendant les habitués et ne demandant pas mieux que de causer un peu avec l'inconnu.

— Il me semble, dit le colonel, que je vous ai entendu nommer ici M. Planchon, si je ne me trompe.

Le bonhomme leva nonchalamment un rideau de la devanture et montra du doigt le magasin de sa femme, en face, et son nom en partie double, qui flamboyait en lettres d'or au-dessus de la porte.

— C'est vous qui êtes le patron?

— Moi-même, et pas plus fier pour cela. Une maison d'or, Monsieur. Ma femme est une commerçante finie. Ce sera pour mes enfants plus tard.

— Vous avez des enfants?

— Trois, Monsieur, trois; et ça me coûte gros. Mais on a la consolation de les voir profiter de ce qu'on dépense pour eux, car ils remportent tous les prix où ils sont. Ça tient de la mère, et aussi de moi. Tel que vous me voyez, je suis, sans me vanter, au-dessus de mon état.

— Vous n'êtes pas d'ici, vous?

— Oh! non.

— J'ai connu jadis en Gâtinais une famille très-nombreuse qui portait votre nom.

— A Boynes?

— Précisément.

— Etes-vous du Gâtinais?

— Un peu aussi. Qu'est-devenue cette famille?

— Dispersée. Jo suis un de ces Planchon, Monsieur; mais, à vous dire vrai, je ne m'occupe guère des autres. Si j'avais fait la bêtise de m'enquérir d'eux, ils seraient devenus mes sangsues.

— Ils n'ont pas réussi comme vous?

— Ça ne se pouvait guère.

— Pourquoi?

— Parce que j'ai une femme qui.... et.....

Et Planchon reprit sa ritournelle sur le compte de sa femme.

— Alors vous ne voyez aucun de vos parents?

— Aucun, Dieu merci.

— Avez-vous entendu parler d'un oncle à vous, qui a dû s'en aller en Amérique?

— Oh! oui, le *marcou.*

— Vous n'en avez aucune nouvelle?

— Qui sait ce qu'il est devenu!

— Mais si, par hasard, il avait acquis une de ces fortunes que les oncles d'Amérique ne manquent jamais d'acquérir?

— Je vous avoue, fit Planchon avec un gros rire, que je tiendrais plus à l'habit qu'au moine, aux écus qu'à l'oncle. On m'a toujours dit que ce *marcou* n'était pas la crème de la famille. Pour tout dire, en un mot, si le diable ne s'occupe pas plus que moi de l'oncle d'Amérique, il est sûr de n'être jamais tenté.

Le colonel tira son calepin de sa poche et écrivit lentement au crayon sur une page du commencement :

« Ne pas oublier, à mon retour à Paris, de porter cinquante nouveaux mille francs au legs de Bébé. »

Les habitués arrivèrent à la queue leu-leu, et le colonel put se retirer ; mais, quoique bien élevé, plein de savoir-vivre et de courtoisie, il ne se sentit pas le courage de saluer M. Planchon-Planchon, son huître de neveu.

Quelques heures plus tard, il prenait le chemin de fer à la station voisine, pour se rendre à Montargis et à Nogent-sur-Vernisson, à mi-route à peu près de Montargis à Briare-sur-Loire.

Là, sans hésiter une minute sur la direction qu'il avait à prendre,

il monta dans l'omnibus qui le conduisit à Châtillon-sur-Loing.

Cette petite ville, dominée par une haute tour féodale, a l'air d'un nid de merle dans les broussailles au fond de la vallée. On ne l'aperçoit qu'en y entrant.

Le colonel s'était si parfaitement renseigné d'avance qu'il eut l'air de connaître cette petite ville dans laquelle il n'était jamais venu. Comme il se faisait tard, il se fit conduire à l'hôtel du *Cheval-Blanc* pour y dîner et y passer la nuit.

Il mettait le pied sur le seuil de l'hôtel quand il vit arriver du fond des Rues-Creuses, par la gauche, deux gendarmes qui amenaient devant eux un grand et fort paysan d'une cinquantaine d'années.

L'hôtelier, qui se trouvait devant sa porte, aperçut le même groupe et dit :

— Ça doit être encore Planchon.

— Planchon du Charme? demanda le colonel.

— Toujours lui.

— Fait-il donc métier de se faire arrêter?

— Tous les ans, une fois régulièrement.

— Comment cela?

— Ma foi, je n'en sais rien, mais c'est l'habitude.

Ce que l'hôtelier du *Cheval-Blanc* paraissait ignorer, je peux l'apprendre au lecteur.

Le Planchon que deux gendarmes touchaient devant eux comme un bœuf, et qui marchait d'un pas aussi calme et aussi délibéré qu'il était possible, habitait, sur les confins de la petite commune du Charme, une métairie composée d'une masure au milieu d'une vingtaine d'arpents de bonne terre.

Son père, l'aîné des fils de la Jambe-de-bois, ayant fait son tour du Gâtinais comme ouvrier tonnelier, avait fini par se dégoûter de sa profession et était entré au service d'un vieux métayer du Charme, dont il avait épousé la fille, ce qui l'avait rendu propriétaire de la métairie. Un fils, qui lui survint, grandit et se maria de bonne heure. Ce dernier Planchon perdit en quelques mois son père, sa mère et sa femme, et, restant seul avec deux garçons en bas âge, eut un chez-lui que tout autre eût rendu confortable.

Les marmots s'élevèrent comme ils purent, au milieu des poules et sur le fumier. Le père passait ses jours et bien souvent ses nuits à tendre des lacs dans les grandes haies qui découpaient son petit domaine en damier.

Dans le pays, on appelle ces haies des *bouchures*, et le nom n'a pas été mal trouvé, car elles bouchent en effet les pièces de terre à une hauteur souvent considérable. Ce sont des broussailles qui ont parfois de six à dix mètres de largeur et qui forment des fourrés impénétrables.

Le gibier, les grands lièvres du pays, qui ont besoin d'un vaste espace, s'y sont creusé des passages appelés *musses* et que les collecteurs de profession connaissent aussi bien que les lièvres.

Planchon laissa ses champs en friche et n'eut plus qu'une seule occupation, tendre des collets.

Et c'était vraiment pitié que d'abandonner ainsi aux herbes folles et aux ronces un sol d'une richesse incomparable. Il est vrai que la culture dans le pays en est encore aux vieilles et lentes routines des derniers siècles. Ce que la nature produit seule et sans le secours assidu de la main de l'homme, elle le donne avec une magnificence de terre vierge. On voit dans les environs des chênaies superbes, et des arbres épars le long des chemins ou dans les bouchures, qui n'ont pas leurs pareils dans les pays cultivés.

La nonchalance règne en maîtresse absolue dans ces contrées; elle est due sans doute au défaut de communications. Le sol, fait de terre forte et gardant l'eau des pluies, n'est sillonné que de chemins impraticables. Chacun, pendant l'hiver, se trouve emprisonné chez soi; si bien que l'indolence, peu naturelle aux paysans des localités riches, a paralysé les courages et les bras. Il n'y a pas encore bien longtemps que les marchands, achetant le bois pour approvisionner les ports du canal du Loing, payaient les coupes à leur valeur et devenaient propriétaires du fonds par dessus le marché.

Ce que j'ai vu de mes yeux dans ce pays, et ce que je ne croirais qu'avec la plus grande peine si quelqu'un me l'eût raconté, c'est un champ de blé vert sur un toit dévasté dans une métairie.

Vous avez bien lu : un champ de blé sur un toit. Le propriétaire, ayant par hasard récolté une année plus de froment qu'il n'en devait consommer dans sa campagne, avait laissé son grain germer dans le grenier. La pluie, l'humidité, le grand air libre aidant, le blé avait poussé avec vigueur, et l'herbe avait passé par tous les interstices des tuiles branlantes et disjointes.

Vous comprenez que, pour arrêter dans le principe cette végétation spontanée, il eût fallu mettre une échelle au grenier, en monter les échelons, remuer le tas de blé au moins une fois par semaine, et préalablement réparer les désastres de la toiture. Tout cela demande de la prévoyance, du mouvement, un peu de fatigue et quelque peu de frais. Et c'est si bon de ne rien faire!

Les deux fils Planchon devenus grands tendirent à leur tour, dans les bouchures, des collets où se prenaient les lièvres. On grattait un coin de terre çà ou là pour y semer du blé, juste de quoi pouvoir manger un peu de pain chaque jour avec le gibier qui abondait toute l'année.

Les Planchons n'étaient pas des fainéants faisant exception; ils avaient simplement pris le mal du pays.

Or, si peu qu'on travaillât dans ces parages, il y avait dans la commune du Charme un maire qui prenait annuellement des arrêtés de police municipale et un garde-champêtre chargé de les faire exécuter.

Un de ces arrêtés, qui se renouvelait périodiquement, portait que l'échenillage devait être opéré sur tout le territoire de la commune.

Planchon, cela va sans dire, n'échenillait jamais.

Une première fois, on l'avait averti que si, l'année suivante, il omettait d'obéir à l'arrêté de police municipale concernant la destruction des chenilles, il serait poursuivi.

L'année suivante, il ne tint aucun compte de cet avis, et le juge de paix du canton, pour cette première contravention, le condamna, conformément à l'art 471 du code pénal, à payer une amende de deux francs.

Après une nouvelle année, même contravention.

Y avait-il récidive?

L'art. 483 du même code pénal porte qu'il y a récidive lorsqu'il a été rendu contre le contrevenant, dans les douze mois précédents, un premier jugement pour contravention de police commise dans le ressort du même tribunal.

Comme l'échenillage n'a lieu qu'une fois l'an, à une époque déterminée toujours la même, Planchon bénéficiait du même article et ne pouvait être condamné comme récidiviste.

Pendant onze ans, il eut à payer les frais de son petit procès et ses deux francs d'amende.

Pour s'acquitter, il apportait au marché de Châtillon deux ou trois lièvres de sa chasse et emportait encore un boni.

Mais voilà que l'administration locale, malheureusement pour Planchon, trop active et trop soigneuse, décida que les bouchures riveraines des chemins empiétaient sur la voie publique et devaient être tondues.

Planchon ne tondit pas plus les haies qu'il n'échenillait ses arbres. Mais cette fois il y eut deux contraventions dans l'année, conséquemment récidive.

A l'amende s'ajouta donc un emprisonnement de un à cinq jours, article 465.

Et de ce moment, Planchon ne laissa jamais passer une année sans venir coucher un jour ou deux dans la prison de la ville. Aucun lièvre ne pouvant le racheter de cette peine de police, il avait pris philosophiquement son parti sur ce point et payait de sa personne.

Et notez bien cette particularité : quand il s'agit de ces condamnations légères, on laisse généralement au condamné la faculté de se constituer prisonnier à l'époque où la privation de sa liberté le gêne le moins.

Mais Planchon ne songeait pas plus à venir à la ville pour y faire sa prison qu'à émonder ses bouchures ou à détruire les chenilles. Chaque année, les gendarmes recevaient l'ordre de l'aller prendre chez lui et de l'amener à la prison. Quand il les voyait arriver, il devinait ce qu'ils venaient lui dire; il

7

passait une blouse, mettait des souliers, prenait une casquette, faufilait son poignet dans la courroie de son bâton de voyage, et disait de sa voix un peu rude :

— Quand vous voudrez, messieurs les gendarmes.

Il partait donc, laissant sa porte ouverte, ne cherchant pas même des yeux ses fils auxquels il n'avait rien à dire ; passait quelquefois à côté d'eux sans songer à leur adresser la parole, s'inquiétait peu de ce que les voisins et les gens du pays pouvaient penser en le voyant partir, et franchissait, sans prononcer un mot, la distance de trois lieues qui le séparait de Châtillon-sur-Loing.

Les hommes des lieux déserts deviennent silencieux comme les solitudes. Planchon, qui avait été dans le temps un gai causeur et qui chantait volontiers les chansons du compagnonnage, était devenu taciturne à la longue. Maraudeur et braconnier comme les oiseaux de proie, il en avait pris les allures muettes, et son œil semblait sommeiller derrière la paupière demi-close.

Dans sa demeure, il se passait souvent une journée entière sans qu'il y eût un mot échangé ; les regards seuls parlaient. Les fauves ne sont pas autrement. Et ces trois hommes avaient de plus, avec les fauves qui hurlent, cette ressemblance frappante qu'ils avaient la parole rude, âpre et saccadée.

Tels étaient les Planchon, père et fils, que le colonel allait trouver dans le pays.

En se mettant à table, le colonel apprit que le paysan du Charme resterait probablement au clou comme d'habitude, c'est-à-dire deux jours, et s'en retournerait aussi tranquillement qu'il était venu.

Il fallait bien en prendre son parti. Maître de son temps et ne voulant pas être venu pour rien, le colonel se fit conduire le lendemain au bourg de Rogny, à quelques lieues de Châtillon, pour y voir les sept écluses échelonnées, au moyen desquelles le vieux canal de Sully descend le long d'une colline de soixante-dix pieds de haut.

A bien des lieues à la ronde, c'est la seule curiosité de

ce pays qu'on appelle la Puysaie, l'un des plus prosaïques et
des .plus reposés qu'on puisse voir.

Le surlendemain, le vieillard prit des informations sur le
compte du prisonnier. Tout le monde s'accordait à dire que
Planchon n'était qu'un sauvage indolent, et que, s'il n'avait
pas prospéré dans son domaine, il n'avait à s'en prendre qu'à
lui-même. Du reste, ni bon ni méchant, ni serviable ni dangereux. Ses fils lui ressemblaient en cela comme en tout.

C'est avec ces renseignements que le colonel suivit de près,
au Charme, le paysan qui avait payé sa dette annuelle à la police
municipale; et, comme il lui fallait un prétexte pour se présenter à la métairie, il prit celui d'acheter quelques arbres de
la propriété.

A peine arrivé, Planchon s'était mis à faire des collets
avec du laiton qu'il avait rapporté de la ville. Il travaillait
sur le pas de sa porte.

Dès qu'il aperçut l'étranger, il dissimula ses engins sous
une poignée d'herbes sèches, mais il ne quitta pas sa place.

Ses fils arrivaient par la droite, avec deux lièvres sous le
bras.

— On m'a dit que ces grands arbres là-bas vous appartiennent,
fit le colonel sans autre préambule.

— Oui, fit sèchement Planchon.

— Seriez-vous dans l'intention de les vendre?

— Je ne vends rien.

— J'aurais volontiers pris les deux plus grands.

— Et moi, je les garde.

— Même si je vous en offre beaucoup d'argent?

— Ça détruirait ma bouchure.

— Alors n'en parlons plus.

— Je veux bien, le monsieur.

Le colonel fit feinte de s'en aller; puis, revenant sur ses
pas,

— A propos, dit-il, j'ai entendu prononcer votre nom tout
à l'heure. Seriez-vous du Gâtinais?

— A quoi ça vous avancerait-il de le savoir?

— Parce que j'ai connu la famille Planchon.

— Tant mieux pour vous.

Et le sauvage rentra dans sa hutte sans plus s'occuper du visiteur.

Le colonel se demanda s'il fallait ainsi abandonner la partie. Les deux fils Planchon venaient de passer sans même le regarder et avaient suivi leur père dans la maison.

Le vieillard s'avança résolûment vers le seuil.

— Si je vous ai parlé du Gâtinais, dit-il, c'est que vous avez peut-être un intérêt à vous en souvenir. Un de vos oncles s'est réfugié en Amérique et pourrait bien vous avoir laissé quelque chose.

— Ferme la porte, Jean, fit brutalement le sauvage à l'un de ses fils; les gens qui viennent vous demander des arbres et qui veulent vous faire causer, ne sont pas des gens naturels. Que le monsieur s'en aille !

— En somme, se dit le colonel en allant retrouver sa voiture qui stationnait non loin de là, les Planchon du Charme sont peut-être encore plus heureux que leur riche cousin de Nemours; ils n'ont aucun besoin. C'est donc à leur intention que je porterai cinquante autres mille francs au crédit de Bébé. Néanmoins, je dois me l'avouer, c'est une drôle de famille que la mienne. Du Planchon le conférencier partageux au Planchon qui vit de sa chasse comme Esaü, quelle distance !

N'oublions pas de noter le nouveau legs de Bébé!

XI

Le maître d'école.

A huit lieues plus loin, dans la direction d'Auxerre, on rencontre une bourgade de quelque importance où le colonel devait trouver un autre neveu.

Cette fois, il s'agissait non plus d'un conférencier, non plus d'un maître d'armes, non plus d'un bonnetier ni d'un braconnier, mais d'un instituteur.

Un maître d'école de campagne.

C'est-à-dire, sans doute, une intelligence moyenne, éclairée par un rayon de savoir; une probité modeste, sans orgueil comme sans ambition.

Une âme sereine et douce, occupée à faire des hommes et ne comptant ni son temps ni sa peine.

En un mot, la perle des neveux.

Très peu susceptible d'illusions, le colonel n'avait pu néanmoins se défendre d'un sentiment de prédilection vague pour ce dévoué semeur de morale et de savoir, confiné volontairement dans un village de Bourgogne, bien que sortant de cette école normale de Versailles, pépinière d'hommes instruits et capables d'occuper les plus hautes positions.

En effet, un homme vous dit qu'il vient de là, comme un autre vous dirait qu'il vient de l'école normale supérieure ou de l'école polytechnique.

A chacun son orgueil. Tout homme aime son berceau, qu'il

soit tressé d'osier ou bouillonné de dentelle et de satin bleu.

Voilà pourquoi beaucoup de braves gens, ne voyant plus rien au delà du peu qu'ils ont appris, inondent l'enseignement de petits livres qui ne font jamais le mal des rivières.débordées, attendu qu'ils s'écoulent vite.... dans les profondeurs de l'oubli.

Pour la justification de ces téméraires inoffensifs, il faut remarquer une chose qui caractérise bien l'espèce humaine, c'est que moins on sait, plus on est tenté d'écrire. La modestie, sous ce rapport, est en raison directe du vrai savoir.

En consignant ici cette note physiologique, je m'empresse d'ajouter qu'elle ne concerne pas les écrivains que nous connaissons, vous et moi, et que je n'ai songé qu'aux autres. D'ailleurs, on peut être certain qu'elle ne blessera personne, car un chacun la croira faite pour son voisin.

Le colonel avait fait un détour pour arriver au bourg de X***, mais il n'en fut pas moins obligé de s'y rendre en voiture de la station la plus voisine. Il avait pris le premier cabriolet venu, quelque chose comme une patache, qui le mena doucement, à la bourguignonne.

A moins d'un kilomètre de la bourgade, il eut le régal d'un spectacle original. C'était une après-midi de jeudi. Un homme d'une quarantaine d'années, vêtu d'une blouse de toile bise à collet, boutonnée sur la poitrine et serrée à la ceinture par une petite cordelière, se tenait dans un tricycle ou vélocipède à trois roues que remorquaient trois jeunes gens, presque des enfants, montés sur des bicycles ou vélocipèdes ordinaires, et attelés en flèche.

L'homme à la blouse bise prenait des notes dans son tricycle. Les enfants tiraient comme des forcenés, tout en se maintenant correctement en équilibre. Ils n'étaient pas six comme dans la fable de la Fontaine; aussi l'attelage suait, soufflait, était rendu.

Le convoi rentrait au village.

A quarante pas en avant, dans les fossés du chemin, s'ébattaient trois fillettes de dix à douze ans, qui cherchaient des fleurs champêtres en poursuivant des papillons. A certains caractères de ressemblance et par la similitude de la mise, on devinait que ces fillettes étaient sœurs, et, sans aucun doute, appartenaient à la famille des vélocipédistes qui les suivaient.

Ayant rejoint l'attelage, le colonel fit marcher sa voiture sur la même ligne que l'homme à la blouse, auquel il demanda s'il y avait bien dans la localité dont on approchait un instituteur du nom de Planchon.

— C'est moi-même, Monsieur.

— Enchanté de vous rencontrer.

— Vous le voyez, Monsieur, j'emploie mes loisirs du jeudi, comme ceux du dimanche, à la recherche d'une solution.... Ralentissez, enfants !

— Ce sont vos fils ?

— Tous les trois, et là-bas, mes fillettes ; tout cela, Monsieur, élevé par une méthode que n'a pas trouvée Jean-Jacques.

— Quelle est donc la solution après laquelle vous courez ?

— Il s'agit d'une question de mécanique.

— De locomotion peut-être ?

— Automatique, Monsieur, automatique ! Dans toute science il existe un coin mystérieux, inexploré, que les savants de profession ne découvrent jamais, et que les amateurs, savants d'occasion, mettent en lumière un jour ou l'autre. C'est toujours la même histoire : la flûte découverte par un baudet.

— Vous êtes bien modeste.

— Je ne dis pas ça pour moi, mais pour les autres.

Les trois enfants, très-habiles équilibristes, avaient, sur l'ordre du père, ralenti le pas sans trébucher; mais le tirage, à cette allure lente, devenait excessif.

— Tel que vous me voyez, reprit le maître d'école, je touche à la solution du problème, et bien certainement avant peu j'aurai trouvé le moyen de faire marcher un véhicule comme celui-ci, par le propre poids de celui qui le montera. Locomotion automatique, le mouvement perpétuel par son vrai côté, le côté utile et social.

Hélas ! en attendant la solution, les pauvres petits de devant tiraient à perdre haleine.

Tout en marchant sur la même ligne, le colonel examina le

tricycle sur lequel était juché l'instituteur, semblable à quelque
prêtre d'Apollon sur un trépied. Le véhicule avait trois roues,
une en avant, deux en arrière. L'homme était debout dans un
cadre horizontal et monté sur deux leviers disposés comme des
marches de tisserand, et destinés à donner le mouvement aux
roues. Le conducteur se portait tantôt sur l'un, tantôt sur l'autre,
toujours comme le tisserand sur ses marches. Un **T** verticale que
l'homme avait devant lui et sur lequel il appuyait au besoin les
deux mains pour imprimer la direction voulue et se soutenir en
même temps.

C'était à coup sûr très-ingénieux, mais cela ressemblait vaguement à ces livres dont je parlais ci-dessus, et qu'on écrit sans
connaître à fond la matière qui en fait le sujet, et qu'on prétend
traiter en maître.

Le colonel n'eut pas besoin d'en apprendre davantage pour se
convaincre qu'il avait devant les yeux un homme atteint d'une
folie douce, et, sans rien demander de plus, il se mit à examiner
le sujet en physiologiste.

L'instituteur avait la taille haute, le corps maigre, le cou très-
long, la tête petite et la figure couverte d'une barbe noire et longue
sur laquelle tombait une chevelure également noire et quelque
peu désordonnée. De cette face humaine, étroite à ce point qu'on
l'eût dite avoir été comprimée entre deux planches, on n'apercevait que le nez en saillie comme une gargouille au faîte d'un
mouument, et les yeux très-rapprochés l'un de l'autre et cachés
sous une broussaille de poils enchevêtrés, qui représentait les sourcils. Le front dont on entrevoyait un croissant sous la visière
d'une casquette de soie avait une teinte mate de peau morte avec
des reflets de cuivre. Mais le caractère propre de cette physionomie
de voyant ou d'halluciné lui venait du regard. Les deux rayons
visuels convergeaient à une distance tellement faible en avant qu'on
eût pu croire que les yeux louchaient; mais ce strabisme n'était
qu'apparent. Prenez cent visionnaires où vous voudrez, et vous
trouverez dans le plus grand nombre les yeux à peine séparés par
la mince cloison du nez et atteints de ce strabisme caractéristique
des intelligences quelque peu détraquées.

Son examen fait, le colonel porta son attention sur les enfants. Le vent de la plaine avait soulevé la poussière de la route et la leur avait ramenée sur la figure. Ils en portaient un masque épais que sillonnait la sueur tombant du front. Ils faisaient pitié à voir. Le père devait posséder sur leur esprit l'autorité puissante que donne une idée fixe, car ils s'en allaient silencieux et soumis, tirant comme des chevaux de trait, et emmenant avec des efforts au-dessus de leur âge et digne d'une meilleure fin ce chariot qui promettait de marcher seul un jour.

— Enfants! cria le maître d'école, à la première maison nous prenons la grande allure. Le galop! s'il vous plaît.

— Mais la route monte, fit le colonel.

— Beau mérite à courir, si elle descendait.

— Vous les exténuez, ces pauvres enfants.

— Eux? Jamais, Monsieur.

— C'est égal, M. Planchon, je vous supplie de leur être miséricordieux.

— Moi, tel que vous me voyez, j'adore mes enfants.

Décidé pour tout de bon à soustraire au moins pour ce jour-là ces enfants à un pareil martyre, le colonel reprit vivement la parole :

— Voulez-vous savoir, dit-il, pourquoi je vous ai demandé là-bas si vous connaissiez M. Planchon?

— A propos, c'est vrai, vous m'avez fait l'honneur de m'adresser cette question.

— Montez donc à côté de moi; les enfants remorqueront leur mécanique avec plus de facilité. Je viens de Paris pour vous voir. J'ai à vous parler, M. Planchon.

Le maître d'école, qui avait déjà lancé dans le monde de l'enseignement une demi-douzaine de pauvres petits bouquins aussitôt morts que nés, eut l'esprit traversé par une idée plus rapide qu'un éclair.

Si cet inconnu était un éditeur!...

— Tenons-nous bien, pensa le maître d'école. Si c'est un éditeur, un grand libraire, il aura flairé que mes livres classiques portent une fortune dans leurs flancs! Planchon, mon ami, tu as des enfants, vends tes perles, mais ne les donne pas!

Si cet inconnu était un inspecteur général de l'instruction publique qui se dérangeait de sa route pour voir dans sa tournée l'auteur de tant de méthodes pédagogiques !...

— Allons, se dit le maître d'école en s'enfonçant dans la voiture, restons sur la défensive et attendons.

— Vous avez écrit des livres, n'est-ce pas ? demanda le colonel.

— Mon Dieu, oui, cinq, ni plus ni moins.

— Qui n'ont pas eu le succès que vous en attendiez ?

— Cela, c'est autre chose. J'ai contre moi l'inspecteur.

— Je comprends....

— Les chefs ne veulent pas que les subordonnés les éclipsent.

— J'ai pourtant connu vos livres à Paris.

— C'est bien de l'honneur pour moi, Monsieur.

— Et je me suis dérangé pour vous en entretenir.

— M'y voilà, pensa Planchon : un libraire !

Puis tout haut :

— Monsieur appartient à la corporation de la librairie, sans aucun doute ?

— Pardonnez-moi, je ne suis pas libraire.

— Un éditeur alors ?

— Encore moins.

— Je vois ce que c'est, Monsieur est de l'enseignement ?

— Je n'ai pas cet honneur. Mais nous arrivons, je crois.... Ecole communale, c'est chez vous, cela ?

— C'est chez moi.

Les enfants arrivaient en grande hâte et descendaient de vélocipède pour prendre les ordres de leur père.

— Rangez tout, dit ce dernier ; ne vous éloignez pas et priez vos sœurs de rester avec vous.

Et le maître d'école introduisit l'étranger dans la grande salle de classe.

— Nous serions peut-être mieux pour causer dans une autre pièce, dit ce dernier.

L'instituteur appela sa femme qui bêchait le jardin, et dit à son hôte avec une sorte de fierté :

— Regardez-la venir !

Le colonel, ne comprenant pas d'abord ce qu'il pouvait y avoir
d'intéressant à voir une femme traverser une cour, s'aperçut à
l'incertitude de la marche que cette femme était aveugle ou du
moins voyait à peine; et il se rappela....

Elle était bien complètement aveugle.

Mme Planchon, mère des six enfants que le colonel connaissait
maintenant, n'avait guère plus de trente-deux ans. Elle portait
son infirmité avec une gaillardise incroyable, et nulle voyante ne se
fût mieux acquittée des devoirs de mère et de maîtresse de maison. Aveugle de naissance, elle avait, à force d'inteil.gence et de
volonté, pris et compris la direction de son intérieur. La plus
exquise propreté régnait dans son ménage, et personne d'autre ne
s'occupait des soins matériels que demandaient ses enfants. Elle
faisait la cuisine, balayait, époussetait, allumait le feu, cultivait
le jardin, cousait même au besoin.

Comme femme et comme mère, elle était l'âme de cette maison. Seulement, elle avait à la longue, et comme ses six enfants,
subi la domination du maître. Elle parlait de son mari avec une
sorte d'enthousiasme enfantin.

— Monsieur vient de Paris pour me parler de mes livres, dit
Planchon à sa femme. Tu vas nous faire à dîner, et j'espère
que tu te surpasseras. Notre hôte acceptera sans doute une chambre
pour la nuit.

— Merci, je dois repartir ce soir même, et je n'accepte à dîner
que pour avoir le plaisir de causer plus longtemps avec vous.

— Monsieur doit être étranger ? remarqua l'aveugle.

— A quoi le devinez-vous, Madame?

— A votre accent. C'est peu de chose, mais je suis sûre de ne
pas me tromper.

— En effet, j'ai séjourné longtemps à l'étranger. Sauriez-vous
aussi mon âge, par hasard?

— Soixante-dix ans.... mais bien portés.

— Dieu merci. Je suis du Gâtinais, et vous aussi, Monsieur
l'instituteur.

— Vous le savez?

— Je sais bien aussi votre histoire.

— Si tant est que j'en aie une, fit modestement Planchon.

— Oh! chaque homme a la sienne. Vous avez fait vos études à Versailles; un inspecteur, mort depuis, vous a fait venir dans l'Yonne. Vous aviez vingt-deux ans. Vous prendrez votre quarante-deuxième année dans huit jours. Pendant deux ans, vous avez réuni dans votre école les garçons et les filles, ce qui vous a fait connaître une petite aveugle que vous avez instruite et qui est deve- nue votre digne compagne, je m'en souviens bien maintenant.

— Mon Dieu, s'écria Mme Planchon, quelqu'un de ce pays-ci ne pourrait pas mieux dire. Monsieur était dans le voisinage, bien certainement?

— Je n'ai jamais mis le pied dans l'Yonne.

— Et vous savez tout cela?

— Je sais encore que vous êtes de Boynes, vous, Monsieur.

— Pas moi; mon père, oui.

— Votre famille enfin. J'en suis aussi, moi; seulement j'ai passé cinquante ans sans revoir le pays. Or donc, c'est parce que vous êtes de Boynes que je suis venu vous voir.

— Grand merci, Monsieur.

Le colonel, qui se trouvait en ce moment dans la petite salle où vivait ordinairement la famille, porta les yeux sur les murs et finit par arrêter son regard sur un petit cadre vieillot dans lequel un vieux soldat de 1795 se tenait fièrement campé sur une jambe de bois.

Un éclair d'émotion passa sur sa figure.

— Nous sommes des compatriotes, dit-il. Y a-t-il longtemps que vous n'avez revu le pays?

— Pas depuis la mort de ma belle-grand'-mère, répondit l'ins- tituteur. Il y a huit ans. Elle en avait quatre-vingt-neuf. Dieu lui pardonnera sans doute le tour qu'elle nous a joué, la bonne vieille. Nous étions quinze petits-fils appelés à l'ouverture d'un testament qui nous déshéritait complètement; mais par une attention délicate de la testatrice, le légataire universel était tenu de nous payer le voyage de Boynes à tous, aller et retour. On fit une vente, et j'y achetai quelques brimborions comme souvenir.

— Ce cadre, par exemple?

— Je crois que oui, mais c'est mauvais.

— Y tenez-vous beaucoup ?

— Pas le moins du monde.

— Et vous me le céderiez ?

— Volontiers, Monsieur. Vous pouvez le prendre.

— Merci, j'accepte.

— En attendant, voulez-vous que je vous fasse voir comment j'ai élevé mes enfants ?

— Je suis à vos ordres.

Planchon fit entendre un coup de sifflet strident, et ses six héritiers vinrent se ranger sur deux rangs, face à face, dans la classe.

Le colonel, s'étant levé, se plaça sur le seuil pour voir.

Planchon remit à ses lèvres son sifflet d'école et donna le signal.

Aussitôt, les trois fillettes, placées en face des trois frères, commencèrent à boxer avec une aisance et un savoir d'Anglais.

Les frères reçurent la charge et attaquèrent à leur tour, et la mêlée devint générale.

Le père comptait les coups avec orgueil.

A la fin, les fillettes eurent l'avantage, et l'engagement cessa comme par enchantement à un dernier signal.

— Ce pays est idiot, dit l'instituteur. Figurez-vous que mes élèves boxaient déjà proprement quand les familles se plaignirent et m'empêchèrent de continuer cet exercice salutaire et fortifiant.

Cette lutte avait contristé le colonel. Décidément, son neveu, le maître d'école, était un maniaque et une tête fêlée.

La boxe, le vélocipède automoteur, les livres classiques ne le prouvaient que trop.

Qui sait s'il n'y avait pas quelque chose de pire encore ?

Quelque chose de pire, je ne l'affirmerais pas ; mais le maître d'école avait encore sur son chantier d'inventeur une méthode de lecture, une autre méthode de mnémonique, une machine à battre le beurre, une serrure incrochetable, et deux ou trois autres choses qu'il ne pouvait mener à bonne fin, n'ayant pas l'argent

nécessaire soit pour construire les machines, soit pour faire
imprimer ses livres.

La place qu'il occupait ne manquait pas d'une certaine importance et lui procurait des ressources relativement considérables; mais il avait de la famille, et ses livres lui avaient
coûté les yeux de la tête. Chaque fois qu'il s'était vu dans les
mains quatre ou cinq billets de cent francs, il avait trouvé moyen
de les dépenser dans une nouvelle entreprise, livre ou machine,
qui n'avait jamais rien rapporté.

Quant au surplus, cet homme jouissait d'une bonne réputation. Irréprochable à tous égards, excellent père, époux non
moins excellent, il n'avait contre lui que sa marotte, sa fureur
d'invention, l'amour des singularités et l'indomptable croyance à
sa vocation d'écrivain.

Le colonel, qui avait cru rencontrer dans le maître d'école une
tête calme, un philosophe au repos, une douce et patiente créature, s'en retourna navré.

Il n'eut garde d'oublier le petit cadre auquel il avait paru
attacher le plus grand prix, et vous le comprendrez quand je
vous aurai dit que cette aquarelle, un peu déteinte sous son
verre, représentait non pas son père, le soldat de Sambre-et-
Meuse, mais un troupier de fantaisie, portant l'uniforme du
corps où son père avait servi.

De tout temps, il y eut dans l'armée française, dans chaque
régiment, souvent dans chaque compagnie, un artiste sans
culture, mais plein de suffisance, qui dessine ainsi des troupiers
qui ne se vendent que quelques sous, mais qui se débitent à un
grand nombre d'exemplaires, attendu que le conscrit, venu en
blouse, est tout fier de se montrer à la famille dans son grand uniforme.

On fait encadrer ce quasi-portrait de l'absent, et cela fait
prendre patience. Ces troupiers de deux sous tiennent lieu,
pour ceux qui n'ont que le prêt, des photographies que se font
tirer ceux qui ont le gousset garni.

Le surlendemain, le maître d'école recevait deux surprises
agréables, une lettre du colonel et la visite d'un clerc de notaire
de la petite ville voisine.

La lettre remerciait avec effusion la famille Planchon de l'hospitalité cordiale que l'inconnu avait trouvée dans la maison de l'instituteur, et le colonel ajoutait que, n'ayant pas voulu blesser la délicatesse de ses hôtes, il n'avait pas osé leur payer le petit tableau qu'il avait emporté, mais qu'il en avait déposé la valeur en argent chez le notaire de .....

Le jeune clerc, qui arrivait dix minutes après la lettre, venait annoncer qu'un monsieur, le colonel Isaac, avait déposé chez son patron, au profit de la famille, une somme de vingt-cinq mille francs, comme prix d'un tableau qu'il avait reçu de l'instituteur.

— Enfin, s'écria Planchon, voilà de quoi imprimer ma méthode de lecture, ma mnémonique, ma baratte, ma serrure incrochetable et le reste.

— Oui, mais, répondit le clerc, la somme est incrochetable aussi. Sur les vingt-cinq mille francs, il y en a trois mille pour chacun de vos enfants, et le reste, qui vous revient à vous et à madame, n'est pas disponible. Le tout est en rentes sur l'État, et vous n'en aurez que les revenus.

— Moi, fit sentencieusement Planchon, j'aurais mieux fait les choses.

XII

Un beau-père.

La libéralité du colonel en faveur du maître d'école fut cause que Bébé ne fut inscrit, cette fois, que pour une somme de vingt-cinq mille francs.

La poire avait été, comme on dit, coupée en deux.

Mais ce jeune privilégié avait déjà pas mal de foin dans ses petites bottines! Si j'ai bien compté, le legs s'était élevé successivement jusqu'à deux cent-soixante-quinze mille francs. Joli lot.

A son retour de la Bourgogne, le colonel résolut de passer une quinzaine de jours à Paris pour s'y reposer, avant de recommencer ses excursions. Son Bébé, nous devons le croire, entrait pour quelque chose dans cette détermination, car il ne l'avait point revu depuis plusieurs mois, et il éprouvait le besoin de l'embrasser.

Au reste, s'il ne continuait pas lui-même ses recherches, il les faisait poursuivre sans relâche par un homme intelligent, qui l'avait déjà mis sur la trace des neveux que nous connaissons.

Il ne tarda pas à recevoir de la même personne un mémoire très-détaillé sur un nouveau membre de sa famille, et ce mémoire trop étendu pour trouver place ici, je vais l'analyser et en donner les principaux faits.

Ah! cette fois, ce sera bien sombre.

Un des fils de la Jambe-de-Bois, poussé par un vague besoin

de voir du pays et de faire fortune, avait de bonne heure quitté
les environs de Boynes, et ayant marché droit devant lui jusqu'aux
confins de la haute Beauce, avait pénétré dans le Perche et poussé
jusqu'au Mans,

Qu'y allait-il faire? Il l'ignorait complétement. Il était venu
là comme le ruisseau se rend au fleuve, et le fleuve à la mer.
Seulement il s'aperçut vite que pierre qui roule n'amasse pas
mousse. Ses dernières ressources avaient disparu quand il arriva
dans le chef-lieu de la Sarthe.

N'avoir plus le sou dans une grande ville où l'on n'est
connu de personne, c'est courir le risque d'être arrêté comme
vagabond et de se faire mettre à l'ombre, ce qui ne supplée
guère au manque d'argent. Mais les lois de police sont ainsi
faites; tant pis pour celui qui s'y laisse prendre.

Notre voyageur se hâta de traverser le Mans et de gagner
la campagne où la bienveillante simplicité des gens corrige ce
que la loi sur le vagabondage a d'excessif. Au village, avant
de demander au malheureux d'où il vient, on lui donne à
manger. La loi de l'hospitalité passe avant l'autre. Je parle, bien
entendu, des lointaines campagnes qui n'ont pris aux grandes
villes ni leurs qualités ni leurs défauts. Le citadin, tout
imprégné de la civilisation moderne, est capable des plus
grands sacrifices dans un malheur public, et souscrit volontiers
à une bonne œuvre quelconque, surtout s'il est sûr de lire
son nom dans les journaux; mais il lancera volontiers un
sergent de ville sur un pauvre diable isolé. Le vagabond n'est
pas un rouage de la vie civilisée actuelle. A la porte des grandes
villes, on ferme son cœur et sa bourse aux pauvres diables,
mais on ne souscrit à rien. On a les défauts des grands centres,
sans en avoir les qualités. C'est de la morale humaine qui
change avec le progrès et qui n'en devient pas plus jolie pour
cela.

Le paysan, lui, quoi qu'on en dise, a encore un pied dans
l'Evangile et croit encore au précepte qui recommande de s'aimer
les uns les autres. Il donne en pensant au bon Dieu.

Notre vagabond marcha pendant quelques heures et tomba

8

dans un hameau d'une vingtaine de maisons où il eut moins
honte de demander un morceau de pain. Le hasard voulut qu'il
s'adressât à un vieillard encore vert qui n'avait jamais quitté
sa demeure et qui paraissait aimer les récits de voyages. Planchon lui conta son odyssée, peut-être bien en la brodant quelque
peu. A beau mentir qui vient de loin, dit-on. C'était l'heure
du repas. Le bonhomme fit asseoir le voyageur à sa table et
lui demanda s'il lui conviendrait de rester avec lui pour travailler à son métier de tisserand.

On était en 1823. L'empire avait fauché la jeunesse, et les
ouvriers étaient rares. Les jeunes gens de cette année partaient
ou allaient partir pour la campagne d'Espagne avec le duc
d'Angoulême, et le Manseau, manquant de compagnons, pouvait
avoir la confiance facile. Sur trois métiers montés, il n'y avait
plus que le sien qui marchât, et encore était-il souvent obligé
de s'en absenter.

Tout nouveau, tout beau. L'idée de devenir tisserand sourit
à Planchon. Le tic-tac du métier le grisa comme toutes les
nouvelles choses qui plaisent. Du reste, c'était du pain. Ingénieux
et faisant de ses mains ce qu'il voulait, le compagnon connut
en quelques jours sa navette, ses marches, ses châsses, son
templet, son peigne, ses lames, son ensouple et le reste; et
il dansa bientôt sur sa machine, comme s'il n'eût fait que cela
depuis son enfance. En six mois, il devint un ouvrier.

Mais à ce métier de tisserand, surtout à cette époque, un ouvrier
gagnait peu de chose. Le patron étant mort, Planchon se rebattit
sur la Beauce, et, tout en travaillant un peu par-ci, un peu
par-là, ce compagnon du petit tour de France arriva dans les
environs d'Etampes, à douze lieues de Paris.

Il travailla près d'une année dans la ville et put y faire
quelques économies. Alors il fut mis en rapport avec un maître
de Marolles, qui lui céda son petit établissement.

A vingt-cinq ans, il était enfin patron.

Le Marolles dont il est question n'est pas celui qui donne
son nom à l'une des stations qu'on rencontre sur le chemin
de fer d'Orléans, entre Etampes et Paris. Cet autre Marolles,

simple village sans notoriété, se trouve sur la vieille route d'Étampes à Pithiviers, à deux lieues de la première de ces deux villes, et sur la lisière de la petite Beauce.

Au bout d'un an, Planchon se maria.

Ce jour-là, le tisserand s'aperçut d'une chose bien étrange et qui nous paraît aujourd'hui fort invraisemblable. Le maire de ce village, de deux cent cinquante âmes, ne savait pas lire, et son secrétaire n'était guère plus avancé. On faisait venir de temps en temps un vieux soldat de Ménil-Girault qui rédigeait les actes civils.

Pourtant ce secrétaire, maître d'école, exerça pendant plus de vingt ans. A son métier d'instituteur, il en joignait cinq ou six autres : débitant de tabac, cabaretier, fruitier, marchand de draperies et cultivateur. On voit que c'était un homme cossu.

Marolles n'avait pas de curé. La petite paroisse était desservie par le curé de la Forêt-Sainte-Croix, chargé de trois autres dessertes; aussi connaissait-elle à peine son pasteur.

Cela n'était ni aux antipodes, ni dans un désert, mais dans un pays riche, à quatorze lieues de Paris. Le maître d'école ouvrait ses classes le lendemain de la fête des Morts, suivant l'usage du pays, pour les fermer le samedi saint, veille de Pâques. Dans toute la contrée, la même chose avait lieu; mais presque tous les maîtres, moins fournis de métiers que celui de Marolles, se louaient dans les fermes pour les travaux de la grange ou ceux des champs.

Planchon, qui savait lire et écrire couramment, se trouva, par son mariage avec une fille du pays, en parenté avec beaucoup de monde, et devint, en peu de temps, une sorte d'écrivain public, personne n'étant plus lettré que le maire du village.

On ne saurait prévoir à quel degré d'autorité, d'importance et d'indispensable nécessité le tisserand fût parvenu, si la mort n'était venue le prendre sournoisement au bout de quatre ou cinq ans. Il était adjoint déjà; l'écharpe l'attendait dans un avenir prochain. Peut-être même eût-il été promu maître d'école, l'autre étant fatigué d'enseigner ce qu'il ne savait guère.

Le mort laissait derrière lui une jeune femme avec un enfant de trois ans, baptisé sous le nom de Parfait.

Ce Parfait Planchon, je vous prie de le retenir, est le neveu que le colonel retrouvera quarante-six ans plus tard.

Le métier resta silencieux, et la mort de l'honnête tisserand fut un deuil pour le village.

La veuve ne voulut pas perdre le bénéfice d'une position tout acquise, et prit le premier compagnon qui passa pour remettre en mouvement la navette du défunt.

Ce compagnon venait du pays manseau. Il y avait jadis connu le mari de la patronne. Ce premier hasard lui donnait comme un pied dans la maison. Il avait nom Labrèche. Ce Labrèche paraissait tout confit en douceur ; une figure imberbe, une voix d'enfant, des yeux bleus, des airs de sainte-n'y-touche étaient bien comme l'enseigne de sa conduite irréprochable. Il ne buvait ni ne perdait son temps. La boutique se ressentit à peine du malheur qui avait frappé la jeune famille. L'ouvrier travaillait bien, la clientèle était contente, et les choses allaient aussi bien qu'on pouvait le désirer.

On disait dans le pays que Labrèche ne tarderait pas à épouser la patronne, et que cette dernière, qui avait eu la chance de trouver un excellent mari dans Planchon, paraissait née coiffée, puisque Labrèche valait bien le défunt, s'il ne valait pas mieux. Les proches parents poussaient la veuve à ce mariage, et la jeune femme faisait taire ses regrets, en songeant qu'à défaut de vrai père son enfant n'en trouverait jamais un meilleur.

Ce Labrèche avait ensorcelé tout le monde.

La veuve exigea néanmoins qu'on lui laissât porter son deuil de deux ans ; puis elle se remaria, vaincue surtout par l'amitié que le compagnon portait à son enfant.

Labrèche vécut ainsi deux ou trois années sans se démentir. Mais au bout de ce temps, il se montra tout autre à l'égard de l'enfant de sa femme. Pourtant il n'était point arrivé du second lit un autre enfant qui supplantât le premier dans ses affections. Parfait, qui venait d'avoir huit ans, ne fut plus qu'un imparfait, un embarras, une charge, un sujet de plaintes amères, puis une tête de Turc : tout retomba sur lui ; si bien que le beau-père prit insensiblement l'habitude de le rosser tous les jours.

Ah! la pauvre mère souffrait bien de voir ainsi son enfant battu. Mais que voulez-vous, de ce que tout le monde croyait à la douceur, au dévouement, à la bonne nature de Labrèche, elle dut croire un peu, malgré les protestations de son amour maternel, que son enfant ne ferait que gagner à ces corrections qu'il méritait sans doute, puisque tout le monde l'affirmait.

Cela ne l'empêchait pas de se jeter entre le beau-père et Parfait, quand ce dernier recevait sa ration quotidienne, et elle pleurait toutes les larmes de ses yeux quand elle arrachait des bras du bourreau l'enfant tout meurtri.

Elle ne pouvait faire davantage. Le petit homme aux yeux bleus, à la voix grêle, à la figure imberbe avait des colères folles, et, dans ces moments-là, le furieux aurait tué le fils et la mère.

Parfait, en grandissant, se résigna. Il travaillait à côté du beau-père, et chaque fois que le brutal recommençait ses violences, il avait, lui, l'arrière-pensée de s'enfuir de cet enfer dès qu'il serait en état de gagner sa vie sur un métier.

Mais, en attendant, quelle existence! Sombre, taciturne, vieux avant l'âge, le jeune homme n'avait pour tout plaisir que de se retrouver de temps en temps seul avec sa mère, qu'il aimait avec passion.

Quant au surplus, rien. Point de fêtes, point de sorties, pas un liard en poche, pas un camarade au dehors. Et l'aveugle opinion publique lui donnait toujours tort. Il était silencieux, on l'appelait sournois; soumis, on le croyait coupable; craintif, on le disait dissimulé. On alla même jusqu'à penser qu'il mettait la zizanie dans le ménage de sa mère.

Labrèche paraissait si doux! Pensez-vous que ce pauvre homme était assez à plaindre d'avoir une pareille vipère dans son intérieur! Oh! le petit serpent que ce Parfait Planchon!

Parfait travaillait comme une bête de somme. Il ne demandait pour récompense à sa mère qu'une bonne parole ou un baiser en cachette.

Un soir qu'il avait été battu plus qu'à l'ordinaire, sa mère lui dit à la dérobée :

— Tu vas avoir vingt ans, tu sais ton métier, va-t-en!

— Vous me renvoyez, mère?

— Oh! que dis-tu là, mon enfant! Tu sais combien je t'aime, et c'est parce que je t'aime toujours que je veux que tu t'en ailles. A ton âge, on ne doit plus être battu. Parfait, mon cher enfant, quitte la maison!

— Jamais, tant que vous y serez!

— Si tu savais ce que je souffre de te voir ainsi maltraité!

— N'importe, je resterai, parce que je ne pourrais vivre sans vous voir chaque jour.

— Pourtant si tu es soldat!

— Alors comme alors! Si je vous quitte, ce ne sera que forcé; mais m'en aller de mon plein gré, jamais!

Et il embrassa sa mère, qui n'osa plus insister.

A la campagne, chez les ouvriers, un fils a pour sa mère l'amour qu'on a partout, mais généralement la tendresse filiale n'est pas coutumière de ces démonstrations. Elle est moins extérieure, moins expansive, tout en gagnant souvent en profondeur ce qu'elle perd en vivacité.

Parfait pouvait, comme on voit, compter parmi les exceptions, et c'est peut-être à son amour filial, caressant et plein d'abandon, qu'il devait d'être haï de son beau-père.

L'opinion du pays, favorable à Labrèche, ne se trompait pas tout à fait. Le tisserand, au fond, avait des qualités et de vraies; mais il était atteint de cette maladie malheureuse qu'on appelle la jalousie.

C'est le mal des faibles et le travers des natures incomplétement organisées. On n'est, dit-on, jaloux que de ce qu'on aime. Derrière ce proverbe, que n'auraient jamais inventé les cœurs robustes, on trouve pêle-mêle les constitutions débiles,

les âmes peureuses, les caractères mous, les grands égoïsmes et les passions sans frein ni raison. Tout cela s'excuse, il est vrai, par l'axiome banal « qu'on ne se fait pas soi-même; » mais les infirmités humaines, pour n'être pas volontairement contractées, n'en sont pas moins un vice de nature, une laideur, un mal.

La jalousie est une difformité qui fait peur.

Labrèche était jaloux.

Jaloux de qui ou de quoi?

De son beau-fils et de la tendresse qu'il témoignait à sa mère.

Cela n'est pas rare. La jalousie, avant tout, est de l'égoïsme. Le tisserand aimait sa femme; il avait beaucoup aimé l'enfant à cause de la mère, et ce bon sentiment avait duré pendant quelques mois après le mariage; mais il s'en alla peu à peu, jour par jour, insensiblement. Chaque fois que la mère avait une bonne parole, une prévenance, une caresse pour l'enfant, Labrèche en souffrait silencieusement. L'enfant lui volait la meilleure part de sa femme. Il ne comprenait pas la dualité de cet amour dans la mère qui adorait son fils, sans cesser d'avoir pour son mari la tendresse et le dévouement dont elle était capable. Ces deux amours distincts ne se combattent pas, ils se fortifient l'un par l'autre.

Et bientôt l'enfant devint odieux au beau-père.

Conséquence fatale, à mesure que la pauvre mère sentait grandir la haine du beau-père contre le fils, elle devenait pensive et s'enfermait dans sa peine. Son amour pour le fils battu lui imposait une certaine réserve avec le beau-père. Et pour ne pas exaspérer ce dernier davantage, elle était obligée de dissimuler les témoignages de sa tendresse maternelle envers l'enfant. Entre la victime qui se résignait et le bourreau qui s'aigrissait de plus en plus, la pauvre femme, aimant l'un et chérissant l'autre, avait une existence de martyre.

Aussi, dans le désespoir qu'elle ressentit en apprenant que son fils allait être soldat, il y eut comme un éclair de joie sombre.

— Au moins, se dit-elle, il ne sera plus maltraité!

XIII

Le beau-fils.

Parfait avait eu la main malheureuse. De l'urne de la conscription, il avait tiré le n° 1.

Labrèche, voyant pleurer sa femme, n'osa pas dire un mot. Il se contenta de jubiler intérieurement. Il feignit même de plaindre le jeune homme que la loi du sort allait envoyer dans un régiment d'infanterie de marine, c'est-à-dire aux colonies.

Puis, comme sa jalousie ne sommeillait jamais, il trouva un biais pour se débarrasser immédiatement de son beau-fils, tout en ayant l'air de lui porter intérêt.

— Tu as tort de te désespérer, dit-il à sa femme, ton fils n'est pas perdu pour nous quitter.

— Mais ceux de chez nous qui sont allés aux colonies n'en sont jamais revenus.

— Qui nous force à l'y laisser aller ?

— Son numéro 1.

— Belle difficulté !

— Nous n'avons aucune protection.

— On n'en a pas besoin.

— Tu te moques de nous.

— C'est vrai, répondit Labrèche en pinçant les lèvres, j'oubliais que vous êtes ici deux contre moi.

— Méchant !

— Toujours la même chanson.

— Non, mon ami, non, tu n'es pas méchant, et je te prie de me pardonner ; mais je suis sa mère, à ce pauvre enfant !

— Je le sais trop bien.

— Dis, que peut-on faire ?

— Les méchants ne donnent que de mauvais conseils.

— Je t'en supplie, Labrèche.

— Tu vas encore m'accuser.

— Non, parle.

— Quand on a tiré l'un des premiers numéros du contingent, et que ce numéro doit vous envoyer au bout du monde, en des pays où l'on est tué par le soleil, par les fièvres jaunes, par les serpents ou par l'ennemi, eh bien, on devance l'appel.

— Qu'est-ce que cela veut dire, devancer l'appel ?

— Voilà. Tu es mère et tu vas comprendre. Il doit aller aux colonies, n'est-ce pas ? Le voyage dure six mois ; le vaisseau peut brûler, la tempête peut le briser ; on a mille chances d'être englouti ; puis, si l'on arrive, il y a ce que j'ai dit, le climat, les fièvres et le reste. Quand on a peur de tout cela, on part dès le lendemain de la révision. C'est devancer l'appel. Dans ce cas-là, le conscrit choisit son régiment. Alors, au lieu d'aller au Sénégal ou dans les Antilles, ou naviguer d'un bout du monde à l'autre pour aller mettre à coups de fusil des sauvages à la raison, Parfait, qui aura devancé l'appel, fera son congé soit à Paris, soit à Rambouillet, qui est près d'ici, soit dans une garnison tranquille.

— C'est possible ?

— Pour tout le monde. A ta place, je l'engagerais à devancer l'appel. Tu vas demain à Etampes, informe-toi.

— Mais c'est lui prendre presque un an.

— Je ne dis pas non ; un an, c'est peut-être exagéré. Mettons qu'on appelle la classe après un an seulement ; mais il sera sûr au moins de ne point aller aux colonies. Après cela, si tu ne crains ni la mer, ni la fièvre jaune, ni les autres cas de mortalité, je ne te défends pas de le garder jusqu'à l'appel du contingent ; il n'est pas de trop ici.

La pauvre mère, en peine, n'ajouta pas un mot. A l'énumération des dangers si complaisamment faite, elle crut comprendre que son mari ne demandait pas mieux que de se débarrasser au plus tôt de son fils, et dans son cœur de mère, elle prit la résolution de prendre en ville des renseignements moins intéressés.

Le lendemain, elle alla droit à la sous-préfecture où elle exposa ses inquiétudes et ses angoisses. Un employé, touché de sa douleur maternelle, lui répondit obligeamment que le seul moyen d'échapper à l'enrôlement dans la marine était de devancer l'appel, ce qui permettrait au jeune homme de demander et d'obtenir son incorporation dans tel régiment qui lui conviendrait. Il ajouta que le sacrifice n'avait aucune importance, attendu que, d'après les prévisions, la classe entière serait appelée à l'activité dans un délai très-court.

Ces renseignements concordaient de tous points avec le dire de Labrèche.

La révision vint bientôt, Parfait fut reconnu bon pour le service, et dès le lendemain, il fut arrêté dans la maison qu'il devancerait l'appel.

— Surtout, choisis bien, lui dit la pauvre mère.

Elle retourna voir son obligeant employé, qui lui conseilla d'envoyer son fils dans un régiment en garnison dans le nord de la France.

En effet, dans ce moment, on était en pleine guerre dans notre colonie d'Afrique. L'Algérie était alors une sorte de gouffre qui attirait nos régiments l'un après l'autre. Un corps descendait de garnison en garnison jusqu'à Port-Vendres ou quelqu'autre port d'embarquement, et prenait la mer à son tour, pour aller guerroyer là bas.

C'était fatal.

Parfait, sur les recommandations de sa mère, choisit un régiment en garnison dans le département du Nord.

Et il partit.

Le jeune tisserand n'avait jamais quitté la maison maternelle depuis qu'il était au monde. Chose rare chez les gens de la campagne, il n'avait jamais eu d'autre ami que sa mère et d'autre plaisir que de vivre à côté d'elle. Les tracasseries du beau-père

n'avaient fait qu'augmenter cet amour filial qui débordait quand
même, malgré les mauvais traitements qu'il s'attirait. Triste chose
à dire, cette mère, c'était du fruit défendu. Conséquemment on la
recherchait, on l'aimait avec un surcroît de passion tendre.

Aussi le départ amena des déchirements tels que Labrèche,
ému lui-même sans le faire voir, n'osa pas se mettre en travers
de ces tendresses éplorées. Courageuse autant qu'aimante, la mère
prit sur elle de renfermer son désespoir, et elle trouva la force
d'encourager et de consoler son fils.

Aujourd'hui que les chemins de fer sillonnent le sol de la
France, il n'y a plus de distances sur le continent. On peut se
promettre de se voir n'importe où. Quelques pièces d'or font qu'à
cent lieues on est à six heures les uns des autres.

A cette époque, on était loin d'avoir ces facilités. On voyageait
peu d'ordinaire, et les gens de la campagne, qui se dérangent aujourd'hui si volontiers, ne perdaient jamais de vue le clocher du
village, si ce n'est pour aller au marché de la ville voisine.

Parfait crut qu'il allait mourir. Il avait assez lu, il avait assez
appris dans la solitude de son existence pour savoir que Valen-
ciennes où il allait n'était pas aux antipodes. Ce qui le poignait le
plus, c'était de quitter sa mère et de la laisser seule et chagrinée
en face d'un homme qui ne se ferait pas faute d'insulter à sa peine
par son indifférence. Il entendait le tisserand chanter à tue-tête
en battant sa toile, pendant que la pauvre mère pleurait dans
un coin ou dévorait ses larmes en dévidant des trames au pied
du métier.

Parfait se trompait. Il ne connaissait le beau-père que par ses
vilains côtés.

Par un étrange phénomène, le tisserand, qui chantait du matin
au soir, cessa de chanter. On eût dit qu'il n'attendait que le départ
du conscrit pour retrouver sa tendresse attentive et ses soins effec-
tueux pour sa femme.

Encore une face de la jalousie.

La tranquillité le rendait à lui-même, et jamais mari ne se montra plus cordial et meilleur.

Il parlait peu de l'absent, c'est vrai; mais il n'en parlait qu'en bien, sans la moindre affectation. Et il endurait sans sourciller que sa femme s'en préoccupât tout le jour.

— Tu fileras à loisir un plein filet de pelotes, comme nous n'en voyons pas, lui dit-il un jour. On lui fera une pièce de toile si fine, si fine, que chacune des chemises pourra passer dans une bague. Nous confectionnerons cela tous les deux, à notre temps, sans en rien dire à personne. Il retrouvera ce commencement de trousseau quand il reviendra.

— S'il revient....

— Pourquoi non? Il n'est pas aux colonies.

— Et l'Afrique?

— Il en est loin. Crois-tu qu'on y enverra tous les régiments de l'armée française? Et puis, quand même, Alger est à quelques jours de Marseille.

— On se bat par là, dit-on.

— Sans doute, mais c'est une guerre pour rire.

— A cela près que deux jeunes gens d'Etampes, un autre de Boissy-la-Rivière et un quatrième de Rouvres y ont été tués.

— Soit; mais il faut bien se dire que le régiment de Parfait n'ira peut-être que dans dix ans en Afrique. C'est se tourmenter à plaisir et trop longtemps d'avance.

— Tu vois bien, s'écria la mère craintive en courant dans la boutique avec une lettre à la main. Voilà le régiment qui part brusquement pour Lyon! Encore un saut pareil, et il aura gagné la mer.

— Voyons cette lettre.

— Tiens, lis.

— Caporal! il est caporal. Tu n'as donc pas lu?

— Je n'ai lu que le départ.

— Mais il est bien caporal. Le gaillard fait son chemin.

La crainte d'un mal est pire que le mal lui-même. Pendant un an, la pauvre mère vécut dans des angoisses terribles, et le nom seul de l'Afrique la faisait tressaillir d'épouvante. Elle retrouva non pas la tranquillité, mais un peu de courage le jour où Parfait, promu sergent et lui écrivant d'Alger, lui disait que l'Afrique, c'était tout bonnement l'extrême midi de la France. Il lui semblait qu'il y serait heureux comme ailleurs et qu'il y avait de plus l'espoir de gagner en peu de temps un nouveau grade.

— Voilà ton fils en bon chemin, dit le tisserand ; il te faut maintenant te montrer aussi forte que lui.

Cette mère, qui pourtant n'était qu'une paysanne sachant à peine lire et n'ayant appris à écrire que pour répondre elle-même à son fils, n'était pas une femme première venue. Toutes les faiblesses de son sexe se trouvaient bien en elle ; mais à côté des faiblesses et des défaillances, il se trouvait un fonds de légitime orgueil d'où naissait le courage. Sergent en moins de deux ans, son fils dépassait donc la mesure des intelligences ordinaires, et l'on pouvait prévoir, en effet, comme lui, qu'il serait sergent-major avant longtemps.

Ses lettres laissaient deviner qu'il employait à l'étude les loisirs de sa vie de soldat.

Et puis, il faut bien le dire, puisque cela forme comme le fonds de notre nature humaine, le bien-être dont elle jouissait dans son ménage amortit son chagrin de mère et lui fit regarder moins en noir la situation de son fils.

A cela près que Parfait n'était plus là, tout près d'elle, à portée de son cœur et de ses tendresses, on pouvait dire d'elle qu'aucune femme n'avait un pareil intérieur. Labrèche, en vieillissant, devenait plus prévenant, plus affectueux. Il devinait ses moindres désirs et se hâtait de les satisfaire. Cela faisait rire les Marolliers, ses voisins ; mais il prétendait que chacun prend son bonheur où il le trouve et que nulle chose au monde ne vaut l'union dans la famille.

— Ça, disaient quelques incrédules, faudrait bien voir au fond ce que ça vaut. Le tisserand a bien l'air de nous donner des momeries pour du vrai et du cuivre pour de l'or. Ses pièces de six liards ne valent cent sous. Est-ce qu'on fait de ces grimaces-là chez nous autres ? Ne dirait-on pas des bourgeois de la ville ?

Et les propos s'aigrissaient encore davantage entre hommes, au cabaret, les jours où les voisines un peu malmenées citaient Labrèche et mettaient sa douceur serviable en parallèle avec la brutalité de messieurs leurs maris.

— Faudra voir, faudra voir, disait-on généralement.

— Une eau qui dort!

— Une douce-amère!

— Un trigand!

— Oui, mais, répondaient les femmes, comme elle est heureuse!

— Il battait le fils, il battra la mère!

— En attendant, elle est reine chez elle!

— On verra bien.

On le vit bientôt, en effet.

La Labrèche, comme on dit au village où la civilité ne prend jamais de mitaines pour parler des gens, la Labrèche tomba malade sérieusement, et le coup fut si rude qu'elle resta dans un état de langueur presque atone. Peut-être bien aussi, dans son cas, y eut-il de la phthisie pulmonaire. Toujours est-il que le mieux pour elle consista seulement à pouvoir rester une heure ou deux par jour au soleil, devant sa porte, étendue dans un vieux fauteuil que Labrèche avait fait venir d'Étampes.

Cette fois, on put voir.

L'épreuve était rude. La malade ne pouvait ni se lever, ni marcher. Le tisserand l'apportait dans ses bras au soleil, et la gardait pendant deux ou trois heures, comme on garde un enfant, bien souvent sans pouvoir même dévider un écheveau de fil ou faire ses trames.

Puis il la reprenait sur ses bras et la remportait dans son lit.

Se voyant dans un pareil état de faiblesse, incapable de concourir au travail de la maison, empêchant même son mari de travailler, la malade comprit que le bien-être amassé ne tarderait pas à s'envoler. Deux semaines de maladie mangent deux ans de santé, dit-on. Et voilà que la maladie qui durait depuis trois mois menaçait de se prolonger indéfiniment.

Le fils absent, l'aisance partie, la misère arrivée... quelle vie!

Labrèche se raidit héroïquement contre le malheur qui le frappait dans sa femme et dans son aisance. Garde-malade pendant des heures chaque jour, mais garde-malade attentif, patient, affectueux et dévoué, le brave tisserand prenait sur les nuits les heures qu'il donnait à sa femme. Et s'il ne chantait plus, il avait du moins gardé son humeur égale. Jamais un mot brusque, jamais un geste de découragement, jamais rien qui décélât chez lui la lassitude.

Cela dura deux ans.

Un jour que la malade, étendue à l'ombre, semblait rêver et se plonger dans ses idées noires, le tisserand, à genoux auprès d'elle, tira de sa poche une lettre qu'il avait reçue le matin.

— J'ai du nouveau, lui dit-il avec un bon sourire.

— Une lettre de Parfait? soupira la malade.

— Comment le sais-tu?

— Je le devine. Lis, mon ami, lis-moi la lettre.

— Primo, il se porte bien.

— Tant mieux. C'est bien vrai?

— Lis plutôt.

— Je ne peux pas lire, mes yeux se brouillent.

— Il est sergent-major.

— Ce pauvre enfant!

— Il a été cité à l'ordre du régiment.

— Mon Dieu! des imprudences....

— Non pas; un acte de bravoure.

— C'est cela, une imprudence.

La malade parlait lentement et semblait rêver après chacune de ses réponses.

— Ce n'est pas tout... il y a mieux.....

— Quoi? fit vivement la pauvre mère en essayant de se relever.

— Il va nous arriver.

— Lui? bien sûr?

— Il doit être en route.

— Que le Ciel soit béni! je reverrai mon fils avant de mourir!

— Tu n'en es pas là.

— Quand vient-il?

— Cette semaine.

— Pour longtemps?

— Quatre mois.

Labrèche n'osa pas dire que Parfait, blessé grièvement dans une rencontre avec les Arabes, venait en congé de convalescence.

Sa femme devait l'apprendre assez tôt.

Parfait arriva dans la huitaine, et la première chose qu'il apprit à Etampes, ce fut l'héroïque dévouement de son beau-père pour sa malade. On en parlait, depuis deux années, à plusieurs lieues à la ronde.

A Marolles, on lui raconta la même chose avant qu'il fût entré chez sa mère.

On devine avec quels transports le reçut la pauvre femme. Labrèche lui-même lui fit fête; et ces bonnes dispositions chez le beau-père durèrent une grande semaine, c'est-à-dire pendant tout le temps que le militaire eut besoin de se reposer.

Parfait sentit bientôt qu'il était une charge de plus dans le modeste ménage. Il offrit de reprendre son métier resté silencieux depuis son départ.

— Ecoute, lui dit Labrèche, il faut parler raison. Je n'ai plus assez d'ouvrage pour occuper deux métiers, et je puis gagner seul ce que nous gagnerions à deux. Fais consentir ta mère à te voir t'en aller travailler à Etampes; tu ne seras qu'à deux lieues d'elle, et tu pourras venir facilement le dimanche.

Labrèche, à quelques symptômes intérieurs, sentait que le bon accord disparaîtrait bien vite si Parfait restait à la maison. Non pas que le jeune homme eût changé de caractère et fût devenu querelleur; mais c'est que la vieille jalousie mal éteinte se réveillait. L'unique raison qui poussait Labrèche à donner ce conseil à son beau-fils, c'était celle-là : ne pas le voir auprès de sa mère. Triste chose dans tant de dévouement : une scorie dans l'or!

Il fallut bien se résoudre. Parfait s'en alla travailler chez un patron d'Etampes et rapporta sa première paye à la maison.

— Non, merci, lui dit le beau-père. Nous nous suffisons ici. Tu auras besoin d'argent pour t'en retourner.

Pour un soldat, un congé de quatre mois passe comme un songe. Celui du sergent-major expirait au commencement de l'hiver. Parfait s'en alla, cette fois, la mort dans l'âme. Il était à peu près certain de ne pas revoir sa mère. Elle, la pauvre malade, ressentit à peine la douleur de cette nouvelle séparation ; elle conservait à peine assez de connaissance pour comprendre que son fils allait encore la quitter.

Labrèche continua son service de garde-malade et de gagnepain comme par le passé. Il se sentit même plus alerte quand le sergent-major fut parti. Sa vie fut horrible, car sa malade ne fut bientôt plus qu'un corps inerte, sans âme.

Et son dévouement grandissait toujours.

Les trois années que Parfait avait à fournir allaient prendre terme. Le sergent-major, porté au tableau d'avancement, avait toutes les chances de passer officier dans la première année de son rengagement.

Le colonel tenait à le garder. Les officiers eussent été fiers de compter parmi eux un serviteur aussi capable, un camarade d'une bravoure aussi simple et d'une conduite aussi irréprochable.

— Je ne puis rester, répondit le sous-officier avec tristesse ; je veux retourner auprès de ma mère. On ne m'écrit plus depuis deux mois, et je meurs d'inquiétude.

— On vous donnera un petit congé.

— J'ai besoin de travailler pour ma mère. Je m'en vais le cœur navré, mais je m'en vais.

Il était temps.

Le Ciel réservait à ce dévouement filial la suprême consolation de retrouver la malade vivante.

Vivante.... C'était un cadavre conservant un souffle, mais au moins Parfait put fermer les yeux de sa mère !

Quant à Labrèche, son indomptable dévouement l'avait usé. Ce vieillard avant l'âge ne put même conduire sa femme au cimetière : une heure avant la levée du corps, il fut frappé d'une apoplexie foudroyante.

On le crut mort au bas du cercueil, mais il se releva sous le coup.

Seulement, il se releva paralysé.

Avec tout autre que Parfait, ce malheur pouvait donner à penser.

Labrèche ne lui était plus rien ;

Labrèche lui avait fait une jeunesse horrible en lui disputant l'amour de sa mère;

Labrèche l'avait odieusement battu jusqu'à ses vingt ans.

En somme, Parfait ne lui devait rien, pas même un peu de reconnaissance.

Et l'on disait au jeune homme :

— Tu sais qu'il a été méchant pour toi, qu'il a été non pas ton père, non pas même ton beau-père, mais ton bourreau. Si tu as quelque souci de ton avenir, tu laisseras là le bonhomme que l'hospice d'Étampes recueillera; tu ne lui dois rien. Retourne au régiment où t'attend l'épaulette. En restant ici, tu ferais œuvre d'insensé. Juste, il y a l'expédition d'Orient.

— Mais, répondait le jeune homme, il a soigné ma mère !

— C'était sa femme.

— Et vous dites qu'il s'est dévoué?

— C'était son devoir.

— Mes bons amis, je ferai le mien.

— Tu restes ?

— Je reste. Il ne faut pas qu'on dise qu'un pareil dévouement n'a pas trouvé sa récompense.

— Et la tienne, qui te la donnera?

— Moi, je n'en attends pas, je paie la dette de ma mère!

Ah! le pauvre enfant, quelle dette! Labrèche, en vain terrassé par l'apoplexie, avait la vie dure. Il ne retrouva jamais plus la liberté de ses mouvements, et la paralysie le maintint comme en une camisole de force. Il buvait et mangeait bien, mais avec l'aide d'une main étrangère. Ses mains, qui remuaient encore, ne pouvaient se soulever jusqu'à sa bouche.

Parfait prit sa place au métier et ses fonctions de garde-malade.

Marquons la date : cela commençait au 1er janvier 1854, c'est-à-dire au moment où la France et l'Angleterre allaient faire la guerre à la Russie.

Et cela dura vingt-deux ans !

A vingt-sept ans, Parfait prenait sa garde pour la continuer sans interruption jusqu'à près de cinquante ans!

Et l'intrépide ne se lassa jamais une heure. Il jeûna quelquefois
pour que son beau-père ne manquât de rien; il travailla nuit et
jour, resta vieux garçon, n'eut jamais une minute de répit et
ne connut aucune des joies que le plus humble travailleur se
donne en ce monde.

Et ce n'est pas tout.

Le vieillard avait perdu, avec la santé, les bons sentiments
qu'il avait montrés dans son ménage, et il ne restait en lui que
le fiel qui l'avait rendu méchant à l'égard de son beau-fils. La
paralysie ne lui permettait pas, je l'ai dit, de porter les mains à sa
bouche, mais il avait encore assez de vigueur pour renverser son
breuvage sur son lit ou le jeter à la figure de son garde-malade.
Il avait un vocabulaire de mots sonores et grossiers pour payer
les soins dont il était l'objet, et sa mauvaise humeur ne connaissait
ni trêve ni repos. Il déchirait son lit, salissait tout autour de lui,
et se maintenait dans une malpropreté dégoûtante.

Jugez le dévouement qu'il fallut à l'ex-militaire pour soigner,
dans ces conditions, un homme qui ne lui était rien et qui s'in-
géniait à le tracasser.

Parfait n'avait de tranquillité qu'aux heures où son malade dormait. Autrement, c'était dans la maison un vacarme
d'enfer.

Je l'ai dit, cela dura vingt-deux ans. Dans le pays, on s'était
habitué à ce tapage, et l'on avait, à la longue, cessé de tenir
compte à Parfait Planchon de son inconcevable dévouement.

Voilà tout ce que le colonel apprit par le rapport qui lui
avait été fait au sujet du neveu qui habitait les environs
d'Etampes.

A peine eut-il lu la dernière page qu'il se fit conduire au
chemin de fer d'Orléans. Il lui tardait de vérifier par lui-même si
pareille abnégation n'excédait pas les forces de la nature humaine,
et si cet obscur dévouement, si complet, si invraisemblable, était
une réalité.

D'Etampes, il courut à Marolles. Il y rencontra, dès l'arrivée,
un modeste convoi qui se rendait à l'église, et la première personne qu'il interrogea lui répondit qu'on enterrait un paralytique,

ancien tisserand, qui sans doute eût mieux fait de mourir vingt
ans plus tôt.

— Quel est l'homme qui conduit le deuil ?

— Son beau-fils, Planchon.

— Merci.

Le colonel se rendit à l'église, et se mêla, comme un simple
invité, aux assistants assez nombreux qui accompagnaient le mort
à sa dernière demeure.

Quand la fosse se fut refermée sur la dépouille mortelle du
paralytique, l'étranger aborda Parfait Planchon, et, l'ayant pris
à part, lui dit :

— Vous êtes jeune, vous n'avez pu me voir chez vous. J'ai
beaucoup connu votre père.

— Vous parlez du mort ?

— Je parle de votre vrai père, Hubert Planchon.

— Je l'ai à peine connu.

— Moi, je l'ai beaucoup aimé. Aussi, je vous demande la
permission de payer les funérailles de ce jour et de vous laisser
une petite somme en souvenir de mon ancien ami.

— Je n'ai pas le droit, Monsieur, de vous demander qui vous
êtes, répondit Parfait avec douceur; mais si vous avez bien connu
mon père, vous devez savoir que chez nous on avait le cœur plus
haut que la bourse. On ne recevait rien de personne sans l'avoir
gagné. Or je n'ai rien fait pour mériter votre bienveillance. J'ai
été militaire, autre raison pour avoir gardé les traditions de la
famille.

Le colonel n'insista pas. Seulement il voulut savoir ce que
Planchon comptait faire, maintenant qu'il était libre.

— Travailler de mon métier, répondit le vieux garçon.

— A Marolles ?

— J'y ai ma mère, fit simplement Parfait en désignant du
doigt une fosse sans relief, indiquée seulement par une vieille
croix de bois noire.

— C'est bien, mon jeune ami, nous nous reverrons.

— Jeune, oui, jeune, en effet, avec des cheveux blancs.

Le colonel, lui ayant serré la main, se retira. Mais il ne

quitta le pays qu'après s'être amplement informé sur le compte de ce Planchon pauvre, et néanmoins trop fier pour accepter un don qui lui était offert par un ami de son père.

Quand il se fut installé dans sa voiture, il prit son carnet et se dit à mi-voix :

— M. Bébé, vous n'aurez rien cette fois !

XIV

La famille à Riquiqui.

Un de ces matins-là, le colonel se mit à compter sur ses doigts.

— Planchon le conférencier, un ; — Planchon le maître d'armes, deux ; — Planchon-Planchon le mercier de Nemours, trois ; — Planchon du Charme, qui préférait passer deux jours de chaque année en prison plutôt que de dépenser deux heures à écheniller ses arbres, quatre ; — Planchon le maître d'école au vélocipède automoteur, cinq ; — Parfait Planchon, de Marolles, six.

En tout une demi-douzaine !

Il terminait à peine cette énumération qu'il entendit du bruit dans l'antichambre.

Il sonna son valet de pied.

— Il me semble qu'on parle un peu haut, dit-il.

— J'en demande mille pardons au colonel, répondit le larbin, mais je n'étais pas maître de l'empêcher.

— Qui est-ce ?

— Un oncle à moi, comme hier, comme l'autre semaine, comme toujours. Ah ! les oncles, il me semble que ça me sort de terre comme des lombrics. J'en aurais assez pour combler la fosse aux ours. Et dire qu'ils s'acharnent tous sur moi pour avoir de l'argent. Ils mangeraient les revenus d'une province. Le concierge a beau les empêcher de monter, ils forcent la consigne. C'est la famille à Riquiqui, comme on dit chez moi ; plus il y en a, plus ils sont chétifs.

— Bien, bien, fit le colonel avec un geste qui donnait au larbin l'ordre de se retirer.

Et quand il fut seul, il ajouta :

— Nous sommes à deux de jeu : j'ai bien l'air d'avoir aussi ma famille à Riquiqui. Ne comptons pas Parfait dans le tas, cependant ; Parfait est un grand cœur et une noble créature.

Bien que richissime et complétement maître de son temps, le colonel avait ces jours-là certaines affaires inattendues qui devaient le retenir à Paris au moins une semaine.

Comme il avait dans le jour quelques heures de répit, il put lire à loisir ce qu'on lui avait écrit au sujet des autres neveux qu'il n'avait pas encore vus. Ces renseignements, du reste, pouvaient lui épargner la peine de se mettre en route plus tard pour visiter les moins intéressants. Dans cette famille à Riquiqui, pensait-il, il devait s'en trouver quelques-uns méritant peu la moindre démarche, et, pires que les autres. *In caudâ venenum.* Dans le reste est le moins bon.

Au surplus, depuis la veille, le colonel avait conçu, à propos de ses neveux, une idée originale, une de ces fantaisies que seule peut concevoir une cervelle américaine.

Il était donc moins pressé de partir, et il lut.

Le premier rapport qui lui tomba sous la main concernait quatre frères Planchon de quarante-cinq à cinquante ans, qui vivaient ensemble depuis un quart de siècle et qui ne s'étaient jamais mariés.

Tous les quatre avaient tiré au sort au canton de Malesherbes, dans le Loiret, leur département natal, et tous les quatre, à une année d'intervalle, avaient amené le plus haut numéro du contingent.

Il y a des familles qui ont de ces veines, comme il en est d'autres qui ont une chance contraire.

Avant la vingtième année de l'aîné, les quatre frères, orphelins de bonne heure, habitaient une maison d'un petit village de la Beauce, à deux lieues de Pithiviers. Ceux-là, comme on voit, ne s'étaient éloignés que fort peu de Boynes, le berceau de la famille.

Quand je dis une maison, je devrais dire une chambre où ils se réfugiaient quand la besogne, soit habituelle, soit passagère, ne les retenait pas ailleurs.

Le plus jeune, seul, âgé de dix-sept ans, y résidait régulièrement.

Il était maçon, métier rare pour les indigènes qui n'ont jamais disputé la truelle aux Marchois ou aux Limousins. La profession est au-dessous de leur qualité de Beauceron. Gâcher du plâtre ou du mortier, fi donc!

Pourtant, ce dernier des quatre frères, le hasard l'avait fait maçon.

Le premier était batteur en grange;

Le deuxième, berger;

Le troisième, garçon meunier dans le moulin à vent de Lolainville.

Leur masure commune se trouvait à Chignarville, un hameau beauceron de douze à quinze habitants, perdu dans les chaumes, au milieu de quarante bourgs, villages et hameaux dont les noms se terminent tous par *ville*. Audeville, Intville, Argeville, Carbouville, Emarville, Bléville, Césarville, Dossainville, Folleville, etc.

Chignarville appartient, je crois, à la paroisse d'Engerville, et pour s'y rendre à la messe, il faut passer par Montville et par Danonville.

On dit, dans le pays, Chignarville-*au-bout-du-chemin*, car on y arrive par une voie de terre unique. Dans un rayon de deux à trois kilomètres, quarante-neuf Beaucerons sur cinquante n'ont de leur vie mis le pied dans ce hameau.

Non cuivis homini contingit adire Corinthum.

Il n'arrive pas à tout le monde d'aller à Corinthe, disait Horace. Moi, je dirais à Chignarville.

Enfin, les quatre frères y demeuraient, et j'ai dit que le plus
jeune y résidait habituellement.

Un samedi soir que le meunier, le batteur en grange et le
berger rentraient de compagnie pour y changer de linge, ils
trouvèrent leur jeune frère dans une toilette qu'il n'endossait
que le dimanche, et la canne à la main, comme un garçon qui
se prépare à se mettre en route.

Il faisait nuit depuis deux heures.

— Où vas-tu? demanda l'aîné.

— Je m'en vas, répondit le jeune homme visiblement dé-
contenancé.

— Je le vois bien, mais où?

— Dam! je ne sais pas.... à Pithiviers sans doute.

Dans le pays on dit : Puviers.

— A pareille heure? Mais il t'est donc arrivé quelque chose?

— Non, je vais à la louée du dimanche.

— Es-tu fou? Tu seras en ville avant onze heures du soir,
et la louée n'ouvre que le matin.

— C'est égal, je pars.

Les trois frères échangèrent un regard, comme pour se dire
que le malheureux enfant était fou.

— Allons, couche-toi, dit le cadet; j'ai moi-même besoin
à Puviers demain matin; nous ferons route ensemble. Toi,
petit, tu as quelque chose!

— Ma foi, non.

— Ton patron t'a remercié?

— Jamais.

— Voyons, reprit le batteur en grange, a-t-il un verre
de vin qui le gêne?

— Je n'ai rien bu.

— Je suis l'aîné, mon petit, je ne veux pas qu'on s'en
aille ainsi.

— Je m'en vas tout de même.

Le batteur prit à bras le corps son jeune frère, amicale-
ment, bien entendu, pour le forcer à rentrer au fond de la
pièce, et tout à coup il poussa un cri.

Une de ses mains avait pressé une poche pleine de pièces, et ces pièces avaient sonné comme de l'or.

Le jeune maçon fit des efforts pour échapper à l'étreinte.

— Tu as volé ton prochain! gronda sourdement l'aîné.

— Ferme la porte, je vais vous conter ça.

Un des autres frères poussa le verrou.

— Combien as-tu ?

— Huit mille cinq cents francs !

— Volés ?

— Je t'ai dit non. Trouvés, mes frères, trouvés !

— Et alors tu partais afin de nous cacher ta trouvaille ?

— Est-ce que je sais ? On est fou, quand on a dans le creux de la main neuf rouleaux d'or comme une poignée de noix.

— Alors raconte.

— Je travaillais à Dréville. Le singe m'avait commandé de démolir un pan de mur qui gênait pour l'établissement d'une écurie. Je devais être seul tout le jour. A la dernière heure, la pointe de mon marteau piqua dans un rouleau et fit sonner les louis. C'était une cachette dans le vieux mur.

— Donne, que je compte.

— Vous n'aurez rien !

— Tu crois ?

— Je l'espère bien.

— Alors tu crois que ça t'appartient ?

— Pourquoi pas ?

— Parce que tu travaillais chez un autre, et que cet autre a le droit de reprendre ce qu'on a trouvé chez lui.

— S'il n'en sait rien ?

— Je le lui dirai, moi, si tu refuses de partager.

Au bout de cinq minutes, les quatre frères étaient convenus de ne point partager la somme et de la conserver pour se racheter successivement si le sort leur était contraire.

On cacha les pièces d'or dans les flancs d'un mur de la cahute, et l'on se jura, sur je ne sais plus quoi, de ne pas se voler les uns les autres.

Les gens qui font main basse en commun sur le bien d'autrui se volent rarement entre eux. Il y a, dans ces cas-là, chez eux une sorte de probité relative; ils ont beau voler les autres, ils croient à l'honnêteté, aux engagements pris, à la parole jurée.

A preuve, les quatres frères Planchon de Chignarville, qui convinrent de cacher le trésor dans un mur de leur masure, et de dissimuler derrière un lit jusqu'à la moindre apparence de cette cachette. Le jeune maçon travailla sous l'œil de ses frères, et le trou fut en quelques heures proprement rebouché.

Je dois dire que s'ils se méfièrent un peu les uns des autres, aucun d'eux n'eut la pensée de s'approprier la fortune de tous; et l'or dormit paisiblement dans son mur jusqu'à ce que le plus jeune eût tiré au sort.

Une fois débarrassés des inquiétudes de la conscription, à laquelle ils échappèrent, comme je l'ai dit, les quatre Planchon tinrent conseil afin de décider ce qu'il convenait de faire du trésor commun.

Le batteur en grange donna le premier son avis. Selon lui, le mieux était de partager la somme, chacun ayant ensuite la liberté de faire valoir sa part comme il l'entendrait.

— Approuvé, dit le maçon; seulement, je demande pour ma prime les cinq cents francs qui se trouvent en sus des huit mille francs. Ça m'est bien dû. Ensuite, chacun aura ses deux mille.

Le berger, qui vivait seul dans la plaine avec ses moutons depuis un grand nombre d'années déjà, avait appris à lire dans le *Grand-Albert* et dans les almanachs, secoua la tête et dit :

— J'ai lu dans un livre que l'union fait la force. Une main d'enfant brise facilement une paille de seigle. Si vous prenez trente pailles, vous pouvez en faire un lien qui portera sans se rompre la plus lourde gerbe de fourrage ou de blé.

— Ce qui veut dire? demanda le batteur.

— Ça parle seul, mes frères. Que ferons-nous chacun avec deux mille francs! Rien ou peu de chose. En nous réunis-

sant, nous pouvons tenter la fortune. Moi, d'abord, je suis
las de servir les autres, et vous?

— Belle demande! Mieux vaut être son maître que le domestique d'un autre.

— Est-ce dit? Restons-nous ensemble?

— Soit.

— Nous prendrons une petite ferme, dit le batteur.

— Nous bâtirons des maisons pour les autres, opina le
maçon.

— Et toi, le meunier, tu ne dis rien?

— Je trouve que vous calculez mal. Dans une ferme on a
contre soi la mortalité des bestiaux, les temps contraires, la
grêle qui détruit les récoltes, et le reste. Bâtir des maisons
serait peut-être une idée, si l'on avait la certitude de les
revendre. J'ai mieux que ça.

— Quoi? le commerce?

— Mieux que ça.

— Mais quoi?

— Elever un moulin à vent, un beau moulin tout neuf qui
regardera celui d'Audeville, celui de Césarville, et aussi les
autres de Lolainville et de Baulay. Si vous saviez ce qu'on
gagne avec un pareil outil!

— Nous n'avons pas assez.

— Nous le bâtirons nous-mêmes.

— Et tous les quatre on y travaillera?

— Tous! L'un sera garde-moulin; l'autre ira dans les villages
pour lever et rendre les fournées; le troisième sera la femme
de ménage; le quatrième fera les marchés d'Etampes, de Puviers
et de Malesherbes.

Le petit meunier fit tellement miroiter les avantages de son
industrie que peu de temps après les quatre frères achetaient
dans le bois de Viévy les chênes nécessaires à la construction
du gros œuvre de leur moulin à vent.

Ils s'adjoignirent un vieux charpentier, qui les aida de ses
conseils et de sa vieille expérience, encore plus que de son
travail, et l'année suivante le moulin de Chignarville, fier et

coquet, tournait au vent de la Beauce, en face de ses vieux confrères des pays voisins.

Je n'ai pas compté sans doute avec les Planchon du moulin à vent, et je ne saurais dire s'ils furent obligés d'emprunter un peu d'argent pour achever leur construction ; ce que je sais bien, par exemple, c'est qu'au bout de dix ans à peine ils passaient pour des gens cossus.

Celui des quatre qui avait accepté les humbles fonctions de femme de ménage avait fini par gagner le plus. Ayant la garde du pécule commun, le brave homme avait une fois par hasard prêté quelque argent à la petite semaine, et les deux cents pour cent qu'il avait tirés de son opération le mit en bel appétit.

Il se constitua banquier.

Mais banquier borgne, vous le comprenez bien.

Il se faisait tirer l'oreille, n'avait jamais le sou, se refusait d'abord à prêter ; mais il se laissait aller, toujours pour la dernière fois, et cet honnête escompteur avait la prétention de gagner à lui seul autant que le moulin à vent.

L'autre, qui faisait les marchés, s'était peu à peu mis à commercer sur les grains, et, comme blatier, il retirait de ses opérations des bénéfices considérables.

Et tout revenait à la masse commune.

Et l'on disait que les meuniers de Chignarville étaient assez riches pour se donner, s'ils l'avaient bien voulu, la fantaisie d'une douzaine de moulins à vent sur leur domaine, ou pour faire arriver chez eux, à travers le plateau beauceron, la rivière de l'Œuf qui charie quelquefois un peu d'eau dans le bas de Pithiviers, ou même l'Essonnes qui passe à Malesherbes.

Le fait est que leur situation s'était prodigieusement agrandie.

Il existe en Beauce un critérium infaillible qui permet de juger de la position des gens et de savoir en quelle estime on les tient. Tous les petits cultivateurs, les boutiquiers, les gens d'état s'appellent simplement par leur nom. On dit tout

court : Merlet, Thibault, Chambon, Rabourdin ; et, pour
les femmes : la Merlette, Thibaude, Chambonne, Rabourdine.
Arrivé à la quarantaine, un homme s'appelle père Merlet,
père Thibault, etc.

Voilà pour le vulgaire. Ni l'âge, ni l'expérience, ni les
services rendus ne sauraient ajouter plus de respect aux
appellations.

Mais si l'homme a dix vaches dans son étable, quatre
chevaux dans son écurie, deux charrues dans les champs, une
grande porte à sa maison, une servante à la cuisine, et
surtout un troupeau de cent à deux cents moutons avec un
berger, il monte d'un degré dans la considération publique et
s'appellera *maître* Dauvilliers, *maître* Foucault, etc.

Aucun fermier ne s'appelle autrement que *maître* un tel.

Mais si la ferme est considérable, trois ou quatre fois plus
importante que les fermes moyennes, alors le fermier se
nomme *monsieur* long comme le bras. C'est le duc et pair
de la culture, une sorte de grand seigneur auquel son domaine,
dont il n'est que locataire, donne une foule de qualités, du
prestige et même de l'esprit.

Ainsi qu'un Beauceron s'appelle Tavernier, *maître* Tavernier
ou *monsieur* Tavernier, vous devinez tout de suite à quelle
catégorie il appartient.

A côté de cette hiérarchie de la culture qui comprend la presque
totalité de la population, vous rencontrerez *monsieur* le curé
et aussi *monsieur* le maître qui est l'instituteur. Ce dernier doit
ce respect à son paletot bien plus qu'à son savoir.

C'est tout. Cependant il arrive de très-loin en très-loin que
certaines personnes du pays, par un miracle du hasard, s'en-
richissent outre mesure, chose rarissime dans un pays où l'industrie n'existe pas. Alors, sans qu'on se soit donné le mot, on
joint le nom de *monsieur* au nom de cet homme.

Vous comprendrez donc maintenant ce qu'étaient devenus les
Planchon de Chignarville qui avaient commencé par être ouvriers ou
domestiques, et qu'on appelait maintenant les *messieurs* Planchon
comme les plus gros bonnets de la culture.

Les quatre frères étaient restés garçons. Le plus jeune avait quarante-six ans, l'aîné cinquante, et l'on pouvait bien prévoir qu'ils ne se marieraient jamais.

Ils vivaient sans luxe, sans confortable même, avec une simplicité qui ne dénotait pas leur aisance.

L'aîné, qui avait été batteur en grange, faisait les marchés;

Le deuxième, ancien berger, faisait le ménage et l'escompte;

Le troisième s'était constitué garde-moulin;

Et le plus jeune, ex-maçon, qui avait trouvé le magot dans un vieux mur de Dréville, parcourait les villages pour lever et rendre les fournées.

Or donc, les quatre messieurs avaient entre eux une ressemblance physique invraisemblable. Arrivés à l'âge mûr, ils pouvaient être pris facilement l'un pour l'autre.

Tous les quatre arrivaient à peine à la taille ordinaire. Ils portaient un ventre également phénoménal. On eût dit quatre muids, quatre tonnes de même hauteur et de même diamètre, mais plus larges que hautes. Chacun de ces formidables obèses pesait un sac de farine, trois cent vingt-cinq!

Du reste, même face imberbe, même crâne nu comme un genou, même bourrelet de graisse derrière la tête d'une oreille à l'autre, même couronne de cheveux rares et gris tombant sur ce bourrelet.

Quand ces quatre frères tenaient conseil et causaient debout, ils formaient un large cercle empli par leurs vastes panses qui se touchaient au centre. Le plancher craquait sous leur poids. Malgré cette obésité pesante, ils avaient conservé une grande souplesse d'allures et jouissaient d'une inaltérable santé. Le farinier grimpait comme un chat le long des raides escaliers, ou sur les ailes, ou sur la queue de son moulin à vent. Souvent même, il descendait à la force du poignet par le câble qui servait à monter les sacs.

Les messieurs Planchon passaient pour être des avares, mais en récompense ils n'avaient jamais laissé mettre en doute leur délicatesse et leur bonne foi. Leur parole valait un contrat par-devant notaire.

De mémoire d'homme, ils n'avaient jamais donné un centime à personne. Les pauvres ne connaissaient pas le chemin de leur maison. Ces parvenus avaient pour axiome que devient riche qui veut, et que la pauvreté ne provient jamais que de la paresse. Aussi n'aimaient-ils pas les pauvres.

L'ancien berger, deuxième de la série fraternelle, avait une peur horrible de la mort. Ayant un jour vu tomber, foudroyé par une apoplexie, un gros homme de son âge, il se demanda si son tour, à lui, ne viendrait pas inopinément. Cette pensée ne le quittait plus.

Un vingt-trois avril, à une foire de Saint-Georges, qui est la plus grande foire de Pithiviers, il entra dans la baraque d'une somnambule et chez une tireuse de cartes.

Si j'étais quelque chose dans le gouvernement, j'avoue que je tuerais net ces industries qui n'ont de vrai que le prélèvement des gros sous dans la poche des imbéciles; mais l'autorité sans doute a là-dessus des idées que je n'ai pas et laisse dire la bonne aventure.

Par hasard, la somnambule extra-lucide et la tireuse de cartes lui dirent à peu près la même chose, ou, du moins, de leurs paroles confuses et vagues, il crut comprendre la même chose, à savoir qu'il y avait au-dessus de son crâne chauve un nuage noir prêt à crever. Un grand danger, le nuage ne voulait pas dire autre chose.

Seulement, la tireuse de cartes, comme pour dorer sa pilule, ajouta que tout péril peut être conjuré par une bonne action.

Une bonne action! Ces trois mots magiques, le cuisinier de l'association fraternelle les avait toujours présents à l'esprit, et les voyait, la nuit, flamboyer en caractères de feu sur les murs de sa chambre.

Il sortit trois ou quatre après-midi de suite sans dire où il allait; puis, un dimanche, après déjeuner, il pria ses frères de se réunir en conseil.

— Je suis sûr, dit-il, que vous allez être de mon avis tous les trois. Il me trotte par la tête une chose assez grave.

— Tu as des billets en souffrance? demanda l'aîné.

— Oh! pour ça, jamais. Le papier que j'escompte vaut des billets de banque. Il s'agit d'autre chose.

— D'un repas à donner ?

— Ne rions pas. Vous souvenez-vous, mes frères, du magot levé à Dréville par le plus jeune d'entre nous ?

— Oui, eh bien ?

— Eh bien, ça ne nous appartenait pas.

— Ta, ta, ta! s'écria l'ancien maçon; veux-tu me dire à qui ce magot appartenait?

— Je n'en sais rien. Je dois vous avouer que je me suis en ces dernières semaines occupé de la question. La vieille muraille où était caché le trésor appartenait depuis longtemps à des gens qui n'ont jamais eu huit mille cinq cents francs à cacher. Personne n'a reclamé. La muraille donnait sur la rue, et peut-être bien que la personne qui y a mis la somme est morte sans en parler.

— L'or n'était donc à personne quand on l'a trouvé.

— Sans doute, mais pas à nous non plus.

— Que veux-tu dire?

— Je veux dire qu'il le faut rendre.

Les trois frères se regardèrent stupéfaits, et leurs gros ventres firent un soubresaut.

— A qui? demanda le garde-moulin.

— Ecoutez, mes frères, nous ne sommes pas des païens, n'est-ce pas?

— Bien certainement.

— Vous conviendrez donc que ce qui n'est à personne est au bon Dieu.

— Oui, eh bien?

— Dam! c'est clair comme le moulin ne tourne que lorsqu'il fait du vent, si la somme est au bon Dieu, il faut la rendre au bon Dieu.

— Veux-tu dire comment?

— Le bon Dieu n'a pas deux paroles; il a dit que ce qu'on donne aux pauvres, on le donne à lui-même.

— Alors, dit l'aîné, tout va bien. Nous étions pauvres

10

à ce moment, et nous nous sommes donné la trouvaille.

— Oui, mais depuis que nous sommes riches, la somme ne nous appartient plus.

— Et l'on rendrait huit mille cinq cents francs?

— Pardon, la somme a doublé par les intérêts composés en treize ans. Nous devons rendre aujourd'hui près de vingt-cinq mille francs pour avoir les mains nettes.

— Es-tu fou?

— Allons, pas d'objections, vous êtes d'honnêtes gens, et vous pensez comme moi.

— A qui remettras-tu cette somme énorme?

— Aux malheureux que l'incendie du mois dernier a ruinés.

— Et tu crois qu'on prend ainsi vingt-cinq mille francs dans une maison sans lui faire une brèche?

— Aussi je ne prendrai rien chez nous. Un jeune fils de fermier, devenu parisien, m'a honoré de sa visite il y a huit jours. Il a besoin de réaliser son héritage, et m'a offert ses quatre-vingts arpents de terre.

— A nos âges, on ne rentre pas dans la culture.

— Je le sais bien. Je prends sa terre au comptant pour soixante mille francs, et je la revends en détail pour en retirer quatre-vingt-dix mille. J'ai étudié l'affaire. Le lendemain, je toucherai quinze mille francs des bâtiments de la ferme et du jardin. La commune en veut faire une gendarmerie. Je pourrais vendre plus cher, si je voulais. En tout, je touche cent mille francs nets. D'où quarante mille francs de bénéfice. Nous rendrons donc au bon Dieu ce que nous lui devons, et comme une bonne action porte toujours sa récompense avec elle, il nous restera quinze mille francs de boni.

— Soit! firent les frères de la tête et du ventre. Alors on aura la conscience aussi nette que le jour où l'on est venu au monde. Tu te charges de tout?

— Je m'en charge.

Ce brave caissier mena l'affaire à bien, donna vingt-cinq mille francs aux incendiés, et s'arrangea si bien que tous les journaux parlèrent des frères Planchon de Chignarville, que

le préfet leur écrivit des remerciements, et que l'aîné des quatre
fut envoyé par les électeurs au Conseil général.

Le revers de la médaille fut que, leur dette payée, les
Planchon serrèrent davantage les cordons de leur bourse, qu'ils
travaillèrent avec acharnement, et se privèrent de pas mal de
choses, absolument comme si la restitution qu'ils avaient opérée,
au lieu de leur rapporter de quinze à vingt mille francs de
bénéfice, les eût appauvris.

Aucune pitié ne trouva plus accès chez eux.

— Tout ce qui est ici nous appartient bien, se dirent-ils;
un centime ne sortira plus inutilement de la maison. . . . .

. . . .

Le colonel, en achevant la lecture de ce rapport, fronça les
sourcils :

— Nous les verrons à l'œuvre, murmura-t-il, et bientôt.

XV

L'oncle et le neveu.

Un autre rapport, auquel j'ajoute quelques renseignements personnels, racontait l'histoire suivante :

Le onzième des neveux du colonel était frère de l'instituteur au vélocipède. Le hasard des circonstances qui avait conduit ce dernier à l'école normale de Versailles, avait fait de son jeune frère un graveur sur bois.

A partir de la vingtième année, les deux frères ne s'étaient plus revus qu'une fois à Boynes, à l'époque où s'était ouverte la succession de la vieille veuve qui avait été la deuxième femme de la Jambe-de-bois.

Frères, oncles, neveux, tous descendants du soldat de Sambre-et-Meuse, s'étaient rencontrés sans enthousiasme et s'étaient quittés sans éprouver le besoin de se revoir.

Et pourtant, ce jour-là, ils étaient au moins dix.

Le graveur signait ses bois *Honoré Planchon*. Les journaux à images, les livres de botanique, les encyclopédies illustrées, les ouvrages de science avec figures sont remplis de ses œuvres, et quelques-uns de mes volumes ont eu la collaboration de son burin. C'est un artiste officiellement catalogué. Comme graveur, il jouit d'une réputation méritée. Si je n'en dis rien comme homme, vous allez savoir pourquoi.

Dans une œuvre de pure imagination, l'auteur a le soin de varier ses portraits à l'infini ; mais quand on photographie ses têtes, il faut les prendre sur le vif et les donner telles qu'elles sont. Les quatre frères du moulin de Chignarville vous ont peut-être fait plaisir en vous montrant leurs quatre bedaines obèses, et vous vous attendez sans doute à trouver dans Honoré Planchon quelque maigre Don Quichotte fluet et grêle, au travers duquel on pourrait voir la lumière ; un échalas monté sur deux perches.

Je ne voudrais pourtant pas vous tromper en cherchant à vous plaire. Honoré Planchon, plus jeune que ses cousins les meuniers d'au moins dix ans, possède une non moins formidable rotondité. Il porte jusque sur les épaules une opulente chevelure noire, et d'épais sourcils, avec de fortes moustaches plus noires encore que les cheveux, donnent à sa physionomie un cachet très-caractérisé. A vingt ans, ce devait être une belle tête avec une carnation superbe et des lignes d'une régularité parfaite.

L'embonpoint en avait fait une masse adipeuse. Comment ne pas faire rire un peu les passants avec des bajoues tremblotantes et retombantes, avec une bouche lippue, avec des mentons étagés, avec une poitrine de bœuf gras, avec cette vague et tremblante allure qui vous ferait prendre pour un bonhomme de gelée de veau ?

Du reste, le graveur manquait de proportion. Des jambes très-courtes supportaient un long buste, un trop long buste, ce qui lui donnait quelque chose de ridicule et bouleversait les idées qu'on a généralement de la structure humaine.

Il demeura jusqu'à la fin de 1876 à Vincennes, dans la rue du Midi, qui mène de la gare au bois, et sous laquelle passe le chemin de fer. On l'y connaissait bien. L'artiste travaillait une partie de l'année, sa fenêtre ouverte, et chantait à tue-tête les insanités qui courent les cafés-concerts, les opéras-bouffes et les féeries à la mode. Il n'avait qu'un mince filet de voix, mais aigre, perçant, aigu comme la plus haute octave d'un fifre.

Et plusieurs fois le jour, on le rencontrait dans le quartier ou dans le bois, nu-tête, sa grosse pipe d'écume à la bouche et les mains dans ses vastes goussets.

Pour le dire en passant, il flânait quelque peu, faisait chère
lie, hantait les cafés, et gagnait encore pas mal d'argent, mais
sans faire d'économies. Mme Planchon, bonne créature qui
s'engraissait au même râtelier, l'aidait à jeter l'argent gagné par
toutes les fenêtres de la fantaisie.

En véritable artiste qu'il était, Honoré Planchon répétait
tous les jours :

— J'attends l'occasion.

— Laquelle? demandait sa femme qui caressait les mêmes
rêves que son mari.

— Celle de me faire des rentes.

— Attendrons-nous longtemps?

— Je me figure que non.

— Et si tu te trompais?

— Chacun a son heure. Un jour, l'occasion passe avec la
chevelure soulevée par le vent. Si l'on saisit un cheveu, cela
suffit, on devient riche.

Laissons un moment les époux Planchon de Vincennes
avec leurs rêves, et rapprochons-nous de Paris en nous arrêtant
à Saint-Mandé, grande Rue, à quelques pas seulement de la
place de la Mairie.

Saint-Mandé, par un bout, touche à Vincennes, et de l'autre
bout, aux remparts de Paris.

Le magasin dans lequel je vous amène, n'existe plus depuis
un an ; c'était une sorte de bazar où l'on trouvait ce qu'on
est convenu d'appeler les articles de Paris.

Cette maison s'était ouverte après la guerre. Elle était
tenue par trois vieilles filles, trois cousines, plus unies que
des sœurs, et servies par une jeune demoiselle de magasin
qu'elles avaient presque élevée. On la disait héritière pré-
somptive des trois patronnes.

Aux mansardes de la même maison demeurait un grand jeune
homme maigre, du nom de Mulot, qui paraissait vivre d'un
emploi quelconque à Paris, car il prenait l'omnibus chaque
jour pour y descendre.

Qu'y faisait-il ? On ne savait. Bien certainement il n'exerçait pas une profession manuelle, car il avait les mains assez blanches pour faire croire qu'il n'était pas un ouvrier.

De temps en temps, le soir ou le matin, ce locataire descendait au magasin pour acheter de petits articles de toilette, et se montrait charmant avec les vieilles cousines.

Déjà plusieurs fois il avait dit qu'il était d'une très-grande famille, et avait appuyé sur le mot comme pour le souligner.

— Dans le commerce? avait demandé l'une des vieilles.

— Oh! non, mieux que ça.

— Dans l'industrie?

— Plus haut encore.

— Alors je ne cherche plus.

— Mon grand-père, du côté maternel, était général dans les armées de la république et de l'empire. Vous n'avez pas été sans entendre parler du général Planchon, le camarade de Jourdan?

— Je crois, en effet, me rappeler.

— C'était mon grand-père.

— Alors vous devez être aisé... petit-fils d'un général?

— C'est-à-dire que j'ai des espérances.

— Des oncles?

— Trois ou quatre.

Peu à peu, le jeune Mulot devint le familier de la maison et se montra plus expansif. Si ses parents ne lui avaient laissé que peu de chose, en revanche il avait reçu d'eux une éducation solide, en rapport avec le nom qu'ils avaient le droit de porter, puisqu'après tout le général Planchon avait été le chef de la famille. L'instruction vaut la fortune. Lui, Mulot, occupait une place de confiance dans une administration parisienne, et, par considération pour son grand-père, le général, on lui laissait la liberté de travailler chaque jour deux ou trois heures pour son propre compte.

— Vous faites des livres? lui demanda la jeune fille.

— Non, mais je pourrais en faire. Seulement, le métier ne rapporte pas assez.

— Des pièces de théâtre?

— Oh ! fit Mulot d'un air de dédain.

— De la musique ?

— Je travaille dans la science.

— C'est moins amusant.

— Mais c'est plus avantageux.

Et cédant à une pensée d'orgueil, Mulot alla chercher chez lui la preuve de ce qu'il avait dit.

Vous ne devineriez jamais. Cette preuve consistait en une feuille de vélin, d'un mètre carré, divisée par des lignes à l'encre rouge en dix mille casiers, cent sur chaque sens, dans lesquels il y avait des chiffres dont la plupart étaient légèrement rayés à l'encre bleue.

— Comment appelez-vous ça? recommença la jeune fille.

— Une fortune !

— Ce fouillis de chiffres biffés?

— Oui, Mademoiselle.

— Cela ressemble à une table de multiplication!

— C'est un *crible;* le crible d'Eratosthène. Ça n'a jamais été fait.

— Est-ce un barème?

— Oh! fi donc !

— A quoi cela peut-il servir ?

— Si je vous l'expliquais, vous ne comprendriez pas. Cela doit servir à tous les savants.

Les vieilles cousines restèrent émerveillées. L'une d'elles, un soir, en l'absence de la demoiselle, émit l'avis que jamais on ne trouverait plus belle occasion de placer avantageusement la pupille commune, et l'on prit la résolution de manœuvrer sans relâche dans ce sens.

Mulot se laissa tirer l'oreille et finit par céder.

La demoiselle fit moins de façons : le crible l'avait fascinée.

Son tuteur, qui avait l'habitude des affaires, exprima le désir d'avoir des renseignements précis sur le futur, sur la position qu'il occupait, sur son mérite personnel et sur la valeur du fameux ouvrage qui représentait une fortune.

— Vous allez tout rompre ! lui dit une vieille patronne.

— Alors on se marie les yeux fermés?

— Je vous en prie, pas un mot.

— Et puis, j'ai vingt-un ans depuis ce matin, fit tout doucement la demoiselle.

— Toi aussi?

— Mon Dieu, oui, mon oncle.

— Epouse, ma nièce, épouse; tu es majeure.

La veille du mariage, le malencontreux oncle, qui n'était plus qu'un ex-tuteur, vint dire avec effarement :

— Le jeune homme n'a rien.

— Il est le petit-fils d'un général!

— Connaissez-vous son administration?

— Il a l'instruction qui vaut mieux que les meilleures places.

— Il travaille *au Tombeau des Secrets*, chez un écrivain public, dans une baraque momentanément placée au coin d'un chantier de démolitions.

— Et son crible?

— Ah oui, son crible, parlons-en!

— Vous n'y connaissez rien.

— C'est vrai, mais j'ai consulté.

— Qui? un ignorant sans doute?

— Un professeur qui demeure dans ma maison.

— Alors, il a dû vous renseigner exactement, celui-là.

— En effet, il m'a dit en riant que le papier où est le crible valait, étant blanc, de soixante-quinze centimes à un franc, et que, couvert de chiffres, il n'a plus aucune valeur.

— On est trop avancé pour reculer, firent les vieilles; et puis d'ailleurs, Laure est notre pupille. Nous répondons d'elle.

Le mariage eut lieu le lendemain sans bruit et sans éclat. Le vieil écrivain public, venu de son échoppe, y assista comme premier témoin du marié. Tableau!

Mulot ne fut pas plutôt marié qu'il s'accorda des vacances sous prétexte de vérifier son crible et d'en refaire une double expédition. Comme un homme de plume ne saurait travailler à pleines journées comme un vulgaire manœuvre, il prit le temps

de ranger le magasin, de mettre les factures en ordre et
d'épousseter la marchandise et les rayons.

Cela lui donnait le droit d'accepter son couvert à la table
des vieilles filles et de se regarder comme un peu de la maison.
Ce descendant d'un général avait surtout le génie des petites
choses et des minuties. Pour un objet de trois sous manquant
au magasin et demandé par un client, il descendait à Paris
et revenait trois heures après avec la petite chose.

Et ce manège menaçait de durer toujours, car Mulot avait
abandonné son écrivain public, lui donnant pour raison qu'il
avait pris la direction, comme comptable et caissier, de la
maison des tantes de sa femme.

Les vieilles patronnes étaient devenues des tantes !

C'est le moment de dire que Mulot n'avait aucun vice
criant : ni dépensier, ni joueur, ni coureur, ni buveur. Il
avait reçu quelque instruction dans sa jeunesse, et surtout il
possédait une belle écriture. Si ce garçon l'avait bien voulu,
sa position eût été faite de bonne heure, car les protections
ne lui avaient pas fait défaut au début.

Mais il avait ce que vulgairement on appelle un poil dans
la main : Mulot était fainéant comme un lézard.

Je ne dis pas ça pour excuser, mais bien pour expliquer
les mille vilenies qui avaient déjà marqué son existence et
les turpitudes qu'il va commettre.

Fainéant ! Avec cette petite chose, on trompe, on ment,
on fait des faux, on vole, et finalement on se dirige d'un
pas certain vers la cour d'assises.

Les fainéants sont gens abominables.

Nous avons tous connu dans la vie un Mulot quelconque,
et vous savez que ces malheureux-là dépensent, pour tromper
leur prochain, plus de peine et d'imagination qu'il ne leur en
eût fallu pour se créer une place honorable au soleil.

Mulot s'imposa chez les patronnes de sa femme, vendit au
comptoir, vola quelques pièces de monnaie d'abord, puis demanda
plusieurs centaines de francs en un mois, afin de pousser son
affaire de crible alors en bonne voie, disait-il.

Un bohême, avec lequel il avait un jour dîné, vint le lendemain lui annoncer au magasin que l'un des premiers libraires de Paris offrait du crible trente mille francs. Mais l'homme ajouta que cette offre lui semblait dérisoire et que l'œuvre de Mulot trouverait preneur pour le double.

Cette histoire assura trois mois de calme à Mulot et coûta bien mille francs aux vieilles demoiselles. Au surplus, l'auteur du crible empruntait dans l'espoir de rendre au centuple. Il avait conduit ses dupes à Fontenay-sous-Bois pour leur faire visiter une villa coquette où bientôt il espérait leur offrir une amicale hospitalité pour le reste de leur vie.

Il leur abandonnait la moitié du jardin, séparée du reste par une grande allée sablée. Que si la vie commune leur paraissait un peu gênante, elles étaient libres de prendre tout le premier étage qu'il ferait disposer en conséquence.

Pauvres vieilles, elles furent éblouies.

Mais le tiroir à l'argent se vidait; des marchands, qu'on avait fait payer par Mulot, revenaient effrontément réclamer le montant des factures qu'on avait oublié de régler; des billets, qu'aucune des patronnes ne se rappelait avoir signés, arrivaient à l'échéance. Si bien qu'en une nouvelle année de ce commerce sans trêve ni merci, la maison devait crouler comme un château de cartes.

Laure avait mis au monde un petit garçon dont une des vieilles était marraine. Elle n'avait guère eu le temps de suivre les opérations dont nous venons de parler. D'ailleurs elle avait en son mari la confiance la plus aveugle. Elle le regardait comme la plus haute intelligence de la chrétienté. Dans ces dispositions d'esprit, elle eût emprunté les derniers dix francs d'un pauvre sans scrupule, ayant la certitude de pouvoir bientôt rendre largement le capital et les intérêts.

Aussi quelle fut sa surprise quand la marraine vint lui dire :

— Laure, ma fille, ton tuteur avait plus de sens que nous.

— A quel propos dites-vous cela ?

— Ton mari nous gruge.

— Lui ?

— Il te mettra sur la paille.

— M. Mulot ?

— Et il ira en prison.

— Quelqu'un vous a donc parlé ?

— Personne. Ton mari nous trompe.

— Ce n'est pas possible.

— Tiens voici un billet de cent francs que je viens d'acquitter. C'est le troisième, Laure.

— Il est si confiant !

— Je trouve qu'il l'est même trop.

— Il a agi sans façon, car il compte nous emmener à Fontenay avant la fin de l'autre mois.

— Eh bien, non. Tu peux rester ici, mais que ton mari reste dans sa chambre. Nous ne le recevrons plus ici.

— Et vos livres ? Et vos commissions ? Et le rangement ?

— C'est trop cher pour nos moyens.

— Vous le chassez?

— Pas précisément; nous ne voulons plus qu'il entre ici.

— Je m'en vais aussi, fit la jeune femme avec hauteur. Mon mari passe avant tout !

— Comme il te plaira; mais tu reviendras, malheureusement pour toi. Ce crible nous a coûté cher. Il te coûtera plus cher qu'à nous, pauvre enfant.

Mulot déménagea le jour même et s'en alla dans Vincennes, à la grâce de Dieu, suivant la voiture à bras que traînait un commissionnaire et qui contenait son petit mobilier.

Le soir même, il était installé dans la rue du Midi, tout à côté d'Honoré Planchon, le graveur, dont il n'était séparé que par une simple cloison.

Vincennes, ce n'est déjà plus Paris. On n'y voisine pas assurément comme à Quimper-Corentin; mais enfin les voisins, dans la même maison, ne tardent tout de même pas à faire un doigt de connaissance.

Comment Mulot devint-il le familier du graveur ? je ne le sais

ni peu ni prou; ce que je sais bien, c'est que d'en face on vit
bientôt les deux hommes passer ensemble des journées entières.

— Planchon.... mais Planchon, dit Mulot, ça me ferait croire
que nous sommes parents au moins de loin.

— En effet, répondit le graveur avec un grand sérieux, Mulot
et Planchon, ça rime et ça se ressemble comme miséricorde et
machine à coudre.

— J'ai eu pour grand-père un général qui portait votre nom.
L'auriez-vous connu?

— Nous pouvons être parents.

— Pourquoi?

— Parce que mon grand-père a été, non pas général en chef,
mais simple soldat.

— A moi on a dit général.

— Et mon brave soldat de grand-père a eu sept enfants qui
ont été des garçons, comme vous et moi. Si donc votre grand-père
et le mien ne formaient qu'un seul et même homme, votre père
serait l'un de ses sept fils, et vous vous appelleriez Planchon, pas
Mulot.

— Je veux dire mon arrière-grand-père. Du reste, le général
était de Boynes en Gâtinais.

— Mon cher, je suis votre oncle et vous êtes mon neveu. Une
demoiselle Planchon, ma sœur aînée, a épousé un Mulot qui a
été votre père; mais notre souche commune était, non pas général
en chef, comme vous vous en flattez, mais bien simple soldat.

— Alors, la main, mon oncle!

— Les deux, mon neveu, les deux; mais je trouve drôle que
vous ayez promu notre aïeul général en chef.

— Je me suis trompé.

— Et que faites-vous, monsieur mon neveu?

— Dans ce moment, j'attends.

— Quelqu'un?

— La fortune, mon oncle.

Mulot, en habile homme, ne livra pas son secret le premier
jour. Il affecta même de s'enfermer chez lui pendant de longues
heures, prétextant un travail pressé.

— Tu fais donc de la fausse monnaie, petit? demanda l'oncle en forçant un matin la consigne.

— Je crois, au contraire, que je vais en faire de la vraie.

— Qu'y a-t-il?

— Vous tombez bien, j'allais aller chez vous pour avoir un conseil.

— Parle, mon neveu, parle.

— On m'offre une place de comptable à Paris.

— Diable! bien payée, petit?

— Trois cents francs par mois avec un intérêt dans les bénéfices.

— Accepte, mon neveu, accepte.

— Je vais vous dire, mon oncle; j'ai dans mon jeu présentement un plus bel atout.

— De quoi retourne-t-il?

— Voilà! fit Mulot en déroulant son immense pancarte à casiers pleins de chiffres.

— Une table de Pythagore. Oh! mais, ça multiplie, ça!

— Une table de Mulot, votre serviteur, mon oncle.

— Enfin, qu'est-ce?

— Un crible.

— Par exemple, je ne comprends pas.

— Une table des nombres premiers.

— Et ça se vend, ces choses-là?

— C'est à peu près vendu.

— Cher?

— Cinquante mille....

— Oh! superbe histoire!

— Peut-être soixante.

— Es-tu fou?

— Mais non, mon oncle. Voici la preuve de ce que je dis.

Et Mulot tira de sa poche une lettre d'un Anglais qui ne voulait donner que trente mille francs comptant et le reste à termes convenus. Mais Mulot avait acquéreur dans de meilleures conditions. Il venait d'être mis en relation avec un riche Hollandais qui promettait davantage. Une lettre du consul en faisait foi.

— Vends, mon cher, vends.

— C'est que le Hollandais est parti pour la Suisse et qu'il ne reviendra qu'à la fin de la saison.

— Alors mieux vaut attendre. Comment ! cette feuille de papier couverte de chiffres vaut tant que ça ?

— Ça vaut même davantage. Seulement, je ne puis attendre, car j'aurai prochainement besoin d'argent.

Huit jours plus tard, Mulot recevait du ministère des affaires étrangères une dépêche, l'invitant à passer au cabinet du ministre pour une communication relative à son œuvre.

L'oncle eut envie d'embrasser son neveu.

A peine Mulot fut-il parti que le graveur raconta la chose à sa femme et finit par lui dire que vraisemblablement l'occasion, depuis si longtemps attendue, ne tarderait pas à se présenter. En aidant le neveu d'un peu d'argent, on pouvait espérer prendre part au gâteau du crible.

— Mais qu'est-ce donc qu'un crible ? s'en allait-il se demandant à lui-même, qu'est-ce donc qu'un crible ?

La journée lui parut longue comme un siècle; l'impatience le rongeait.

— Eh bien ? eh bien ? fit-il en apercevant son neveu dans la rue.

Mulot monta sans hâte, malgré la folle nouvelle qu'il apportait du ministère.

— Cent cinquante mille, dit-il modestement.

— Tu dis cent.... cin.... quante.... mille ?

— Mon Dieu! oui, mon oncle. L'Anglais a réfléchi.

— L'Anglais ?

— Oui, mon premier acheteur. Il est, en ce moment, en train de voir à Londres les sociétés scientifiques et doit partir pour l'Écosse. Il offre cinquante mille francs comptant, et dix mille francs par an pendant dix ans.

— C'est une vraie fortune !

— Sans doute, mais il faut l'attendre quelques mois.

— On peut bien attendre à ce prix. Si par hasard d'ici là tu as besoin de quelque argent, ne te gêne pas avec moi, hein ?

— Merci, mon oncle ; j'aurais peur d'être indiscret. Je

trouverai bien quelque vieil ami qui, moyennant une part dans l'affaire, m'ouvrira sa bourse.

— Veux-tu que je sois cet ami ?

— Et si j'attends trois mois ?

— Nous attendrons.

— Alors, je veux bien; seulement permettez-moi de vous offrir vingt-cinq mille francs.

— Ce que tu voudras. J'ai là cent francs qui m'embarrassent, veux-tu les prendre ?

— J'accepte.

Etre fainéant, c'est faire le néant. Mulot allait mettre en jeu toutes les ressources de son imagination, courir à Paris toutes les semaines deux ou trois fois, s'écrire des lettres, s'adresser des télégrammes, dénicher des compères on ne sait où, bâtir un édifice de mensonges dans le vide, en un mot, faire le néant. Un vrai travail lui eût moins coûté.

Mais ce néant qu'il édifiait à si grand'peine, où devait-il mener son homme ? A l'infamie, sans doute.

Et ce gros oncle, à quelle idée obéissait-il en abandonnant à son neveu le plus clair de son gain ? Cet homme, comme intelligence, n'était pourtant pas le premier venu. Comment s'était-il laissé prendre à ce piège grossier ?

Vous le devinez, la cupidité l'aveuglait !

Pendant non pas trois mois, mais pendant six, il se laissa boire le sang par cette sangsue. Son travail ne suffisant plus, et les ressources lui manquant, il alla mettre au mont-de-piété son peu d'argenterie, les quelques bijoux de sa femme, sa chaîne de montre, sa montre elle-même, tout ce qui lui tomba sous la main.

Et les deux femmes, unies comme deux sœurs, faciles aux illusions, bâtissaient des châteaux en Espagne et faisaient danser d'avance les beaux écus qu'on attendait.

A la fin du deuxième terme, le propriétaire, qui n'avait rien reçu, menaça de mettre Mulot à la porte.

Et Mulot eut de nouveau recours à l'oncle.

Celui-ci, n'ayant plus rien, courut à Paris et fit part de la grande affaire du crible à l'un de ses amis, en lui demandant un billet de cinq cents francs.

— Puisque l'affaire passe par le ministère, allons-y voir à quoi tiennent tous ces retards, lui dit l'ami. J'emporte avec moi les cinq cents francs que je vous donnerai certainement après, si vous n'êtes pas dupé.

Au ministère, on ne connaissait ni Mulot, ni l'Anglais, ni l'affaire, ni rien.

— Mais ces lettres? ces télégrammes? dit Planchon.

— Ce sont des faux.

— Et ça n'a vraiment aucune valeur?

— Pardon; ces papiers ont assez de valeur pour faire mettre le faussaire à l'ombre.

On devine dans quelles dispositions il rentra chez lui.

— Malheureux! s'écria-t-il en levant les mains sur son neveu, tu m'as volé!

— Mon oncle.....

— Tu as menti!

— Mon oncle.....

— Tu as fabriqué des faux!

— Laissez-moi vous dire....

— Tu t'en iras aux galères!

. . . .

Le colonel, de dégoût, jeta le rapport dans un coin, disant :

— Si j'étais la loi, je les y enverrais tous les deux!

XVI

L'appel aux Planchon.

Ce qu'on vient de lire ne vous eût pas violemment poussés à vous déranger pour visiter des neveux comme les meuniers de Chignarville et les deux autres de la rue du Midi, à Vincennes.

Le colonel ne jugea pas non plus à propos de faire un pas pour les voir.

D'ailleurs, il était plus pressé que jamais d'arriver au dénoûment, car il avait peur de mourir avant de savoir au juste comment il distribuerait sa grande fortune.

Il connaissait maintenant douze de ses neveux. Le reste valait-il davantage? A part le tisserand de Marolles dont l'oncle le plus exigeant pouvait être fier, les autres ne gagnaient pas à être connus.

Le treizième, sur lequel il avait été facile d'avoir des renseignements exacts, exerçait la médecine dans un village de la forêt d'Orléans, non pas comme docteur, mais comme officier de santé.

Chapeau bas devant la loi du pays, toujours et quand même! La loi, c'est le pacte de la famille française, même quand elle est drôle ou qu'elle se trompe. Et je vous réponds qu'en créant des officiers de santé, elle me paraît d'un drôle achevé. Un officier de santé n'est autre chose qu'un sous-médecin. Pour rendre logiques les sous-médecins, il faut qu'on leur

donne à traiter des sous-malades ; et la loi n'en a pas fait
pour eux.

Quoi qu'il en soit, l'un des Planchon qui avait eu du goût pour
l'étude, s'étant trouvé jadis employé dans une pharmacie d'Orléans en qualité de garçon de peine, avait fini par suivre les
cours de l'école de médecine, qui, dans son existence éphémère,
enfanta une longue kyrielle d'officiers de santé.

Il fut du nombre.

Et tout autant par orgueil que par calcul, il vint s'établir non
loin de Boynes, où son oncle le *marcou* avait laissé des souvenirs
impérissables. Je crois qu'il prit résidence quelque part à la rive
de la forêt, à Batilly, à Saint-Loup, à Vrigny, je ne sais plus
bien au juste. On me dirait que ce fut à Ingranne, à Nibelle ou à
Séchebrières, que je ne dirais pas non. C'était toujours la forêt
d'Orléans, ou peu s'en faut. Quelques âneries criardes et certains
excès de métier le forcèrent à se retirer un peu plus dans l'est,
entre Bellegarde et Lorris.

C'est là que nous le trouvons aujourd'hui.

Par un phénomène général qu'on peut constater en Europe,
toutes les grandes villes, les capitales surtout, s'allongent vers
l'ouest. On dirait que le soleil les entraîne avec lui vers son cou-
chant, à mesure qu'elles se développent et s'embellissent. A Paris,
le phénomène est très-marqué. Depuis Charles VI, je veux dire
depuis environ cinq cents ans, toute la vie s'est portée du
quartier Saint-Paul et du Marais vers les Champs-Elysées. Sans
qu'on l'ait voulu, l'Obélisque semble avoir été posé sur la place
de la Concorde comme le futur point central de la grande cité.

Lui, Planchon, s'allongeait en sens contraire, mais, par
exemple, en s'enlaidissant. Entraîné dans le courant des ambi-
tions basses, il se maria, non pas pour avoir une femme, mais
pour toucher une dot. Il trouva juste chaussure à son pied, un
laideron barbu, mais cossu, venant d'assez bas, quoique riche,
pour ressentir vivement l'honneur d'épouser un médecin.

Quand l'officier de santé eut palpé la dot, il malmena la
femme. Il avait fait des dettes, et celles qu'il ne put renier ou
laisser en souffrance, il les paya sur l'apport de sa compagne ;

puis, une fois tranquille, il s'arrangea de manière à rendre la
vie commune insupportable, et la malheureuse Mme Planchon retourna dans sa première bassesse et dans son obscurité, disant
que son mari l'avait souvent menacée de la tuer.

Dans certaines campagnes, un médecin qui bat sa femme, qui
traite ses clients comme des chiens, et que l'ivresse jette en bas
de son cheval une fois ou deux fois par semaine, sur les chemins
de la plaine ou de la vallée, arrive bien plus vite, que par le
savoir et la tenue, à la notoriété, c'est-à-dire à la fortune.

Planchon avait battu sa femme; maintenant qu'il ne l'avait plus
sous la main, c'est aux clients qu'allait son humeur atrabilaire,
et s'il n'était pas tout à fait un ivrogne, il n'en valait guère
mieux.

Ces dix dernières années, néanmoins, il devint tout à coup
rangé, sobre, économe. Mais quelle vie! Je ne sais si jamais
un rayon d'intelligence ne l'illumina. L'existence matérielle comme
une pièce de cinq francs, malpropre comme un sou rouillé,
faite d'appétits et d'instincts, toute, en un mot, de bestialité.

Ce sous-médecin était écœurant.

— A ce compte, s'écria le colonel en jetant au feu la lettre
qui lui donnait ces renseignements et qu'il n'eut pas le courage
de lire tout entière, à ce compte, M. Bébé ne tardera pas à
gagner son million!

Quelques instants après, la personne qu'il avait chargée de
recueillir ces notes sur la plupart de ses neveux, arrivait avec
un dernier rapport et s'excusait de n'avoir pu, jusqu'à ce moment,
retrouver le quinzième neveu.

— Neveu ou petit-neveu? demanda le colonel.

— Petit-neveu, comme le quatorzième.

— Vous avez son nom?

— J'ai le nom, mais pas la piste. Cependant, tout me porte
à croire qu'avant la fin de la semaine on sera fixé.

— En attendant, je vais voir l'autre.

— Le n° 14?

— Oui, le n° 14, puisqu'il est à Paris.

— Votre tout voisin. Ce rapport sommaire vous donne

l'adresse du restaurant où il déjeune tous les jours entre une et deux heures.

— Journaliste vraiment ?

— On le dit.

— Quel âge ?

— Vingt-six à vingt-huit ans.

— Quel effet vous a-t-il produit ?

— Je l'ai à peine entrevu. La note dominante sur son compte, c'est qu'il passe pour querelleur, pour taquin, pour mauvais coucheur de première classe.

— Merci, je le verrai.

Dès le lendemain, le colonel alla déjeuner au restaurant où déjeunait son neveu. Le portrait qu'en avait fait le rapport lui permit de le reconnaître du premier coup.

Bien que la salle fût à peu près déserte, il alla s'asseoir à la même petite table, du reste sans la moindre affectation.

Le jour suivant, même manège.

Le colonel se donnait les airs, les allures et le langage d'un gentleman d'Outre-Manche. Il faisait d'ailleurs grandement les choses.

Dans la plupart des restaurants aujourd'hui, les clients de la dernière heure ont la liberté de fumer en sirotant le café. Ce sont les enfants gâtés des garçons.

Planchon prolongeait son déjeuner jusqu'à trois heures et lisait là tous les journaux de la maison. Le voisinage persévérant du vieil Anglais commençait fort à l'impatienter.

Il changea de table. L'Anglais déménagea pour se retrouver en face de lui. Comme le colonel menait grosse dépense et laissait de gros pourboires, ni le patron ni le garçon n'osèrent lui faire remarquer qu'il serait mieux seul à n'importe quelle autre table.

Le journaliste se vit donc obligé de faire sa commission lui-même.

— Vous vous gênez bien volontairement, dit-il au vieillard. Presque toutes les tables sont libres....

— Aôh, môa je aimais beaucoup la société de vô.

— Grand merci, Monsieur, mais c'est un peu gênant.

— Môa, je avais pour vô ioune grande sentiment, et je trouvais môa très-bienne ici. Vô ftoumez? Je avais ioune bonne cigare à offrir à vô.

— Merci, j'aimerais mieux autre chose.

— Je avoir pas comprendre.

Le journaliste se leva sans mot dire et se dirigea vers le comptoir pour payer sa carte.

— Quel crampon que cet insulaire! murmura-t-il; est-ce que ça va durer ainsi longtemps?

— Prenez patience, répondit la caissière, c'est un touriste qui ne saurait nous rester bien longtemps.

Le lendemain, le journaliste se plaça tout au fond de la salle, espérant échapper à son crampon; mais le colonel le chercha des yeux ostensiblement, avec affectation; puis l'ayant aperçu, s'en alla vers lui en poussant des âoh! formidables.

— Encore! gronda sourdement le journaliste.

— Aoh! sir, je avais le plaisir de retrouver vô. Je aimais vô, je étais contente de passer ioune heure avec vô, je étais contente very much!

— Bien obligé.

— Aoh, yes sir, very well! Obligé very much!

— C'est que j'ai affaire... je ne puis lire mes journaux qu'ici....

— Yes, sir, les journaux.

Et pendant deux heures dura le même jeu. Planchon ne put lire, tant bavardait et baragouinait le vieil Anglais.

Le jour suivant, le colonel arriva sur les pas de sa victime et essaya pour la dernière fois de le pousser à bout.

— Savez-vous môa être doctor?

— Tant mieux, Monsieur, tant mieux.

— Môa, je voulais guérir vô de tout le mal.

— Quand je serai malade?

— Vô étez malade very much, âoh! yes. Je défendais vô manger cette poissonne....

Et le colonel, avec une gravité sans pareille, enleva le

poisson qu'entamait le jeune homme et le tendit au garçon, disant :

— Aôtre chose! Ioune beefsteack!

— Garçon, rendez-moi ma sole au gratin, commanda le journaliste.

— Oh! nô! je étais médecin et je défendais à vô cette petite poissonné.

Le garçon hésitait. Le colonel se leva de sa place avec le plus grand sang-froid, prit le garçon par l'épaule et le reconduisit quelques pas vers le comptoir.

Puis il revint s'asseoir en face du jeune journaliste avec le même flegme démontant.

— Savez-vous, Monsieur, fit le jeune homme, que vous jouez avec moi un jeu dangereux ?

— Ahô, yes, sir, dangeré, yes!

— Est-ce une gageure?

— Je avais pas comprendre la gagère, oh! nô; mais je défendais à vô de boire le blanc vin to les jors. Ce être por vô pas très-bonne. Garço! emportez!

Et l'enragé médecin tendit au garçon la bouteille de vin blanc que le jeune homme se faisait servir chaque jour à son déjeuner.

— Monsieur! fit le journaliste en se levant avec colère.

— Vô être malade very much, ahô! yes.

— Vous allez me dire ce qu'enfin vous voulez de moi.

— Guérir vô, sir, yes, guérir vô.

— Je ne vous demande rien, je ne veux pas être guéri.

— Moâ, je avais la volonté de guérir vô, yes; je aimais vô, je désirais être à vô toutile et secorable, malgré vô. Je aimais, oh, yes, je aimais vô à mort!

— Est-ce que vous traitez vos malades de cette façon?

— Tojor, sir, ahô yes! Je voulais tojor battre moâ avec eux, quand ils voulaient pas être guéris.... Bonne moyen, vous verrez, sir.

Planchon se leva de nouveau, jeta sa serviette sur le dos de sa chaise, et prit son chapeau à une patère voisine, pour s'en aller et se soustraire à cette persécution.

Le colonel le suivait des yeux d'un air moqueur.

— Si ce n'était pas un vieillard! fit le journaliste en payant le déjeuner auquel il avait à peine touché.

Le colonel se leva tout d'une pièce et marcha vers lui raide comme une barre d'acier.

— Que feriez-vô ? demanda-t-il.

— Ce qu'on fait avec les gêneurs.

— Vô étiez libre. Môa, je voulais guérir vô, yes, et vô vouliez pas, je demandais à battre maintenant !

Le journaliste, qui s'était fait une tête de mauvais coucheur, apparemment pour intimider ceux qui auraient eu la pensée de lui chercher querelle, se hâta de sortir et de se perdre dans la foule.

Ce quatorzième Planchon, fanfaron de courage, s'était fait prendre en flagrant délit de couardise.

— Et le dernier ? demanda le jour même le colonel à son homme d'affaires.

— Pas la moindre nouvelle.

— Il n'est plus à Gien ?

— Il a quitté cette ville depuis six ans.

— Sans laisser de traces ?

— Il a travaillé, comme employé, dans une filature de la vallée d'Essonnes.

— Et puis ?

— C'est tout.

— Nous le retrouverons. En attendant, nous avons à causer

. . . .

Nous avons vu que depuis un certain temps le colonel avait une idée qui le poursuivait.

Fut-ce en vertu de cette idée que l'homme d'affaires s'établit dès le lendemain dans un petit appartement de la rue Louis-le-Grand, à l'angle de la rue du Quatre-Septembre, et que la poste reçut une lettre individuelle et que le même homme d'affaires recommanda, adressée à chacun des quatorze neveux connus du colonel ?

Cette lettre disait ceci :

« Le dernier fils de Jean Planchon, ancien soldat de l'armée
» de Sambre-et-Meuse, décédé à Boynes-en-Gâtinais (Loiret)
» en l'année 1810, se trouve actuellement en Amérique, vieux
» et sans ressources. Il désire revenir dans son pays natal
» pour reposer à côté de son vieux père en terre française,
» et conjure ses neveux de se cotiser afin de lui fournir
» les moyens de retour. Sir Walter Head, citoyen des Etats-
» Unis, demeurant à Paris, rue Louis-le-Grand, n° 45, est
» chargé de recevoir les communications. Il se charge de faire
» les avances, et ne demande à être remboursé qu'à l'arrivée
» d'Isaac Planchon, dernier fils survivant de Jean Planchon,
» de Boynes. De deux heures à cinq heures. »

— Et moi qui croyais si bien avoir les quinze ! dit le
colonel.

— Peut-être l'aurons-nous sous peu, répondit l'homme d'affaires
que j'appellerai sir Walter Head. Depuis deux heures, j'ai
découvert une nouvelle piste.

— Quoi qu'il en soit, il faut faire insérer la lettre dans
les journaux les plus lus. Choisissez-en dix. Si nous n'ob-
tenons aucun résultat, nous en prendrons vingt. Il me faut
mes quinze neveux morts ou vifs.

Le lendemain, dix journaux de Paris publièrent la lettre
qu'on vient de lire, et le colonel prit la résolution de s'installer rue Louis-le-Grand de deux heures à cinq, tous les
jours, afin de voir lui-même arriver ses neveux et de les
entendre.

Le cabinet dans lequel sir Walter devait les recevoir for-
mait une première pièce assez vaste et parfaitement éclairée.
Derrière lui se trouvait une vaste portière de damas grenat
qui dissimulait une porte à deux battants, ouvrant sur une
seconde pièce où devait se tenir le colonel.

Dans le damas à plis retombants, on avait pratiqué un
œil, comme il s'en trouve aux rideaux de théâtre, et par
ce judas il était facile de voir tout ce qui se passait dans la
première pièce.

Tout étant ainsi préparé, on attendit.

Deux jours se passèrent, et l'on ne vit rien venir ; mais le troisième, un jeune homme, porteur d'un exemplaire de la lettre que nous avons lue plus haut, se présenta devant sir Walter et lui présenta sa lettre de convocation.

Elle portait sur l'adresse :

« Monsieur Mulot. »

— Bien, fit sir Walter, M. Mulot, de Vincennes, un petit-neveu d'Isaac Planchon. Veuillez vous asseoir.

Sous l'attouchement involontaire du colonel, la portière de damas frissonna.

XVII

Tempora si fuerint nubila, solus eris.

Je vous demande bien pardon : ce latin, qu'on avait mis par mégarde dans mon encrier, est tombé du bout de ma plume, et, pour arranger l'affaire, je vais, ne pouvant le gratter, vous le traduire sans délai. Ovide, qui aurait aujourd'hui mille neuf cent vingt ans, voulait dire qu'un homme qui devient malheureux n'a plus d'amis.

C'est un axiome éternellement vrai.

Au moment où Mulot entrait chez sir Walter, les quatre frères du moulin de Chignarville, hommes riches, posés, sans enfants, bien au-dessus d'une petite dépense à faire pour exaucer la touchante supplique de leur vieil oncle des États-Unis, tenaient conseil dans leur salle commune, debout, en cercle et leurs gros ventres au milieu.

— C'est peut-être un piège, dit l'aîné.

— Un piège, non, puisqu'on ne doit payer qu'au retour de l'oncle.

— En effet, on ne peut être volé quand on ne solde la marchandise qu'après livraison.

— Bien, mais qu'est-ce qu'il vient faire ici, l'oncle ?

Les quatre frères opinaient tour à tour, à commencer par l'aîné ; les autres parlaient successivement et par rang d'âge. Il y avait vingt ans que ces hommes prudents s'étaient ainsi disciplinés et discutaient ainsi à tour de rôle pour ne pas emmêler la discussion.

L'aîné reprit donc :

— Il est resté cinquante ans sans songer à nous.

— Personne ne peut nous forcer à financer pour un oncle.

— Pourquoi ne serait-il pas aussi bien enterré là-bas qu'ici ?

— Un caprice de vieillard.

Ici une pause.

— Combien sommes-nous de neveux, à votre avis ?

— Une dizaine, douze, peut-être.

— Deux ou trois pouvant payer avec nous.

— Une affaire de trois à quatre cents francs.

Silence dans le cercle.

— Je sais bien que cette somme n'est pas le Pérou.

— En effet, ce n'est pas la mort d'un homme.

— Et ça fera parler de nous.

— Ecoutez, vous êtes mes aînés et vous raisonnez comme des enfants. L'oncle ne s'engage pas à mourir le jour même de son arrivée, n'est-ce pas ?

— Assurément.

— Il n'en parle même pas.

— C'est vrai, je n'y avais pas songé.

— Voyez bien ! s'il n'a pas de quoi payer son voyage, il a moins encore de quoi vivre, étant arrivé. Absent depuis un demi-siècle, il ne peut être recueilli ni par le département, ni par la commune ; il nous tombe sur les bras. Y êtes-vous ?

— Nous y sommes.

— Une vraie charge !

— Et pour combien de temps ?

— Alors que décidez-vous ?

— Moi, je refuse.

— Moi aussi.

— Moi aussi.

— Alors je conclus en vous disant qu'il ne faut pas même répondre à cette lettre.

Honoré Planchon, le graveur de Vincennes, avait reçu la lettre un peu plus tôt ; il s'en était déjà servi pour y aligner le compte de son neveu Mulot. Les deux pages blanches étaient pleines de chiffres, et la lettre de sir Walter fut précieusement serrée dans un tiroir en attendant le jour où le mémoire qu'elle portait pourrait être mis au net.

Le journaliste — j'ai su depuis qu'il avait la direction des *faits divers* dans sa feuille — avait lu dans son propre journal l'appel de sir Walter. Il se contenta de jeter la lettre au panier.

Le médecin, plus avisé, coupa la lettre en quatre pour se faire du papier à ordonnances.

A Nemours, Mme Planchon-Planchon, la mercière, oublia de parler à son mari de cette lettre peu commerciale. Elle dévida dessus un écheveau de soie floche.

Et Planchon le mangeur de lièvres? Lui fit mieux. Comme le papier n'abondait pas chez lui et qu'il avait un carreau de vitre cassé à la fenêtre de sa cabane, avec quelques cuisses de noix il frotta la lettre de Paris, et s'imagina de la placer ainsi huilée à la place de la vitre absente.

Personne ne sut jamais ce que le maître d'armes d'Orléans fit de la sienne.

Isidore Planchon, qui venait d'être élu député après une vingtaine de conférences et de réunions publiques, accorda quelque peu de sa haute attention à la communication de sir Walter; puis il conclut par ses mots :

— D'abord, on n'a pas le droit de tendre la main aux autres quand on touche au bout de la vie sans avoir pu faire ses affaires. Ensuite, l'Etat seul est chargé de pourvoir au soulagement des malheureux. Troisièmement, si mes électeurs apprenaient jamais que j'ai pu donner deux sous à mon oncle, on me demanderait ce que j'ai fait de mes idées contre la famille... et je ne serais plus réélu. La famille n'existe pas.

Sur ces derniers mots, il roula la lettre et s'en servit pour allumer un londrès.

Un londrès, bon! Mais un oncle... allons donc!

Chez le maître d'école au vélocipède automoteur, les choses

se passaient autrement. André Planchon, malgré pas mal de
travers, possédait de bons sentiments, entre autres celui de
la famille.

Il lut à table la lettre recommandée qu'il venait de recevoir,
et tout le monde autour de lui fut unanime à demander qu'on
s'offrit à payer une part dans les frais de retour de l'oncle
inconnu. L'aveugle surtout recommanda d'écrire le soir même
à Paris, à sir Walter, qu'on ferait ce qu'on pourrait pour
donner au vieillard la suprême consolation de revenir fermer
les yeux où son père était mort.

— Ne cherchons pas par trente-six chemins, dit le maître
d'école; aucune promesse ne vaut de l'argent. Vous allez à
vous tous faire ma classe, et je pars chez mon notaire,
afin de savoir de combien je pourrais disposer en cette circons-
tance imprévue.

André voulait parler du notaire chez lequel le monsieur de
Paris avait déposé, comme on sait, une somme importante
pour prix de ce petit cadre enfumé dans lequel se tenait fier
et cambré le prétendu portrait de la Jambe-de-bois, Jean Planchon, de l'armée de Sambre-et-Meuse.

On sait aussi que cette somme n'était pas disponible, et que
l'instituteur n'en devait toucher que les intérêts aux échéances
trimestrielles.

— Je voudrais pourtant un billet de mille, fit le brave
instituteur; on n'a pas tous les jours un bon vieil oncle à faire
revenir d'Amérique.

— Le capital est sacré, répondit le notaire, telle est
l'expresse volonté du donateur. Quant aux intérêts, il ne m'est
pas possible de les avancer; c'est la règle inviolable ici. Du
reste, je suis votre conseil, et mon avis est que vous laissiez
où il est le bonhomme qui pourrait bien n'être qu'un leurre.
Un habile fripon, sachant que vous avez des fonds chez moi,
aura trouvé ce moyen de vous voler.

— Mais enfin, ce n'est pas moins mon oncle.

— En répondriez-vous? Où trouverez-vous l'acte authentique
de notoriété qui le prouvera? On voit de ces coups-là tous les

jours. On vous présentera quelque part un homme âgé qui ne se doutera pas même du rôle qu'on lui fait jouer, on palpera votre argent et le tour sera bâclé. Vous n'aurez pas un sou pour cette sotte affaire.

André s'en retourna presque convaincu d'avoir échappé par le conseil de son notaire à quelque manœuvre de fripon.

— Nous autres, dit-il en rentrant chez lui, nous avons la confiance trop facile.

— Malgré tout, répondit l'aveugle, j'écrirais.

— Les écrits restent, fit sentencieusement André. Donnez-moi deux mots de la main d'un homme, et je le ferai pendre.

Et l'on ne répondit point.

Avant de retrouver Mulot dans le cabinet de sir Walter, je ferai remarquer que le notaire sus-indiqué ne sortait pas de la règle générale. Quand on va déposer de l'argent n'importe où, chez un particulier ou dans une administration, personne ne vous demande ni d'où vous venez, ni si vous avez volé la somme. On est poli, on tend la main, on vous donne un reçu, et votre argent tombe dans la caisse avec une aisance merveilleuse.

Mais s'il s'agit de le reprendre, oh! alors il vous faut la croix et la bannière, et des actes, et des témoins, et le reste, pour montrer jusqu'à l'évidence que vous n'êtes pas un escroc.

Mulot apportait-il sa quote part de promesses ou d'argent chez sir Walter?

Ce dernier, qui avait recueilli sur Mulot les renseignements que nous connaissons, l'avait fait asseoir en pleine lumière pour l'examiner à loisir.

— Combien désirez-vous ou pouvez-vous promettre? lui demanda-t-il.

— Je me chargerai des frais tout seul, si l'on veut, répondit Mulot avec assurance. Je ne suis pas riche, mais j'ai dans les mains une fortune.

— De quelle nature?

— Une invention que je céderais volontiers et qui ferait la fortune d'un acheteur, surtout à l'étranger. Il s'agit d'un crible.

— En métal?

— Un crible d'Eratosthène, c'est-à-dire une table des nombres premiers qui n'existe pas encore et que tous les savants réclament.

— Vous tombez bien, Monsieur, car je suis un peu de la partie. Combien vaut le crible?

— On m'en a déjà offert cent mille francs.

— Eh bien, Monsieur, pour dix francs j'en ferai faire un, quand il me plaira, au premier écolier venu. Vous êtes dupe d'un rêve ou vous voulez duper les autres. Allez.

Et sir Walter reconduisit Mulot.

A peine était-il sorti que le colonel souleva la draperie qui l'avait caché, et s'écria :

— Figure en lame de sabre, regard incertain; physionomie d'escroc. Ce neveu-là ne compte plus. Je ne veux'pas....

Un coup de sonnette interrompit le colonel, qui se hâta de battre en retraite.

Il fit bien, car ce coup de sonnette annonçait l'arrivée de Parfait Planchon, le tisserand de Marolles.

Il avait à la main sa lettre de convocation.

Quoique simple ouvrier, Parfait se présentait avec une certaine aisance, et portait dans son allure et dans toute sa personne le cachet de cette douceur inaltérable dont il avait fait preuve toute sa vie. On sentait que cet homme aux traits accentués était l'œuvre d'une mère aimée qui l'avait formé à son image et à sa ressemblance.

— Vous demandez? fit sir Walter.

— Je suis le neveu du vieillard auquel vous voulez bien vous intéresser, Monsieur. Je m'appelle Parfait Planchon.

— Avez-vous quelques ressources?

— Quand il s'agit de la famille, Monsieur, on ne compte pas sa bourse, on ne consulte que son cœur.

— C'est que, songez-y bien, le voyage coûtera douze cents francs.

— Je m'inscris pour ma part.

— Et si vous êtes seul?

— Mon Dieu, répondit simplement Parfait, je plaindrais ma famille, qui est nombreuse, à ce qu'il paraît, et je payerais le tout.

— Mais ce n'est pas tout. A son arrivée, on ne tuera pas ce pauvre homme; il lui faudra pour le reste de sa vie un asile et du pain.

— J'ai chez moi, Monsieur, une place vide laissée par un autre vieillard. La maison est spacieuse. Quant au pain, j'ai bien vu qu'où il y en a pour un, on en trouve toujours pour deux. Je suis un vieux garçon, ayant bon pied bon œil. Si la mort me venait chercher avant l'heure, je laisserais à mon vieil oncle ma maison qui ne doit rien à personne et quelques pièces de bonne terre.

— C'est bien, mon ami, vous réfléchirez.

— C'est tout réfléchi; ce que j'ai dit aujourd'hui, je le dirai demain.

— Alors je compte sur vous.

Et sir Walter, en reconduisant Parfait, lui serra la main.

Le tisserand croisa dans l'escalier un jeune ménage, mari et femme, qui montait de front, tenant entre eux deux un enfant par la main.

— Monsieur Bébé, fit d'une voix doucement maternelle la jeune mère, vous montez trop vite. Vous saurez que dans la vie, même quand on va au bien, il n'est pas prudent de monter deux marches à la fois. La grande affaire n'est pas d'enjamber outre mesure; le tout est d'arriver au but.

On devine, sans plus d'explications, que ce ménage c'était celui du comptable, René Bompart.

René tira la sonnette dont le gland descendait sur une plaque de cuivre où se lisait en lettres noires gravées le nom de sir Walter Head.

Sir Walter, n'ayant pas même eu le temps de se rasseoir, alla ouvrir.

— Entrez, dit-il. Vous avez sans doute une lettre de convocation?

— Non, Monsieur, répondit René.

— Mais alors à quel motif dois-je l'avantage de vous recevoir?

Derrière la tapisserie, on aurait pu entendre comme un soupir étouffé.

— J'ai lu dans les journaux une lettre relative au chef de la famille Planchon, actuellement aux Etats-Unis.

11

— En quoi cette lettre vous intéresse-t-elle?

— Je suis, par ma mère, un membre de la famille, mais à la quatrième génération depuis le vieux soldat de l'armée de Sambre-et-Meuse, et je viens vous demander pour moi seul le droit de payer les frais à faire pour rapatrier le vieil oncle et de le prendre avec nous à son arrivée.

— Comment vous appelez-vous?

— René Bompart, petit-fils du troisième frère d'Isaac Planchon.

— Où avez-vous travaillé il y a six ou sept ans?

— À Gien, puis à Essonnes.

— C'est bien, vous êtes le quinzième neveu.

— Est-ce que vous pouvez faire droit à ma demande?

— Je ne sais. Quelqu'un m'a déjà fait les mêmes offres, un vieux garçon qui n'a point, comme vous, à faire l'avenir d'un enfant. N'ayant aucun devoir ni aucune affection en avant, il s'est retourné et prend en arrière le devoir sacré qui s'y trouve.

— Permettez-moi d'ajouter un mot, dit la jeune femme en caressant du bout des doigts la blonde chevelure de Bébé. Cet enfant rose que vous voyez, et moi, sa mère, avons failli mourir. Avec la maladie, la misère était entrée chez nous. Pendant un temps, Monsieur, nous avons été bien éprouvés tous les trois. Une bonne Providence, un homme au cœur d'or est venu nous visiter dans nos affreuses détresses, et nous voilà revenus de la maladie et de la misère, grâce à son savoir et à sa bienveillance. Nous le payons bien par tout ce que le cœur peut avoir de reconnaissance, mais c'est tout. Songer à lui rendre autrement ce qu'il a fait pour nous serait l'offenser, or un bienfait matériel qui reste matériellement impayé, c'est une pièce d'or qui tombe dans un puits. Nous venons, les trois obligés, le père, la mère et l'enfant, vous supplier de nous fournir l'occasion de rendre à un vieillard ce que ce noble cœur a fait pour nous. Le bon Dieu tiendra compte à notre ami et à Bébé du bonheur que nous mettrons dans la vieillesse du pauvre oncle d'Amérique.

— Donnez-moi votre adresse, afin que je puisse vous répondre.

— Voici ma carte.

Sir Walter ressentait à ce moment le plaisir d'avoir retrouvé le quinzième neveu. Le reste l'avait à peine touché.

Il congédia ses visiteurs et courut à la portière de damas derrière laquelle il ne trouva personne.

Le colonel avait été si profondément touché qu'il était rentré dans la pièce du fond et qu'il s'était jeté dans un fauteuil, son mouchoir sur les yeux.

— J'ai le quinzième! s'écria sir Walter.

— Je le sais.

— Mais.... colonel.... cette émotion....

— Il y a plus d'un demi-siècle que je n'ai pleuré.... Oui, je pleure... et l'émotion m'étouffe. Braves jeunes gens! Mon bon petit Bébé! Ah! c'est bien doux de pleurer quand on apprend de pareilles nouvelles! Je les connaissais.... Ah, cela, voyez-vous, ferait oublier un siècle de misères et de peines!

— Alors, vous savez ce qu'ils demandent?

— J'ai tout entendu.

— Vos ordres maintenant, colonel?

— Nous attendrons quinze jours, mais je ne reviendrai plus.

— Et s'il m'arrive d'autres personnes?

— N'y comptez pas, sir; après ces deux derniers, on peut tirer l'échelle.

XVIII

Donec eris felix.....

Tiens! encore du latin d'Ovide! Il paraît qu'il en restait dans l'encrier. Au surplus, c'est la réciproque ou la contre-partie du latin de l'autre chapitre. Cela veut dire que l'homme heureux a beau chasser les amis par la porte, il lui en revient toujours assez par la fenêtre. Aucun chiendent ne pousse mieux en bon sol que les amis autour d'un homme riche.

Moins de six semaines après les faits qu'on vient de lire au dernier chapitre, une nouvelle circulaire paraissait dans cinq ou six journaux, et sir Walter en adressait un exemplaire à chaque membre de la famille Planchon.

Ce nouveau document disait, avec pièces à l'appui, que la première lettre reposait sur une confusion de personnes et que l'erreur provenait d'une ressemblance de noms. Isaac Planchon, docteur-médecin là-bas, ne songeait guère à rentrer en Europe, et qu'il croirait offenser sa famille en lui parlant de son immense fortune. Apparemment, ceux qui l'avaient si obstinément oublié ne tenaient guère aux millions qu'il ne tarderait pas à laisser derrière lui.

Cette lettre une fois lancée, le colonel pria sir Walter de ne rien perdre des mouvements qui n'allaient pas manquer de se produire dans sa famille.

Isidore Planchon, le député, accourut le premier chez sir Walter, pour demander l'adresse de ses oncles et cousins. Il désirait les réunir tous....

— Parlez bas, lui dit sir Walter avec le plus grand sérieux ;
mon valet de chambre est électeur, et s'il vous surprenait à
vous préoccuper ainsi de votre famille, il nuirait à votre réélec-
tion. Les principes avant tout.

— La famille pour moi, Monsieur, est un préjugé.

— Sérieusement ?

— Une erreur !

— Même les oncles d'Amérique ?

— Adieu, Monsieur, et merci.

Le député, nanti de la liste des Planchon neveux et petits-
neveux, courut au télégraphe et prévint le plus grand nombre
d'entre eux qu'ils recevraient par le plus prochain courrier
une lettre d'une extrême importance.

Les lettres partaient le soir même à l'adresse de tous ses
parents. Il convoquait tous les intéressés à une réunion générale
dans laquelle on s'entendrait sur les mesures à prendre pour ne
pas laisser perdre les millions de l'oncle Isaac.

Le rendez-vous était donné dans un restaurant du Boulevard
Saint-Martin, à cinq jours de délai.

André Planchon, l'instituteur, en même temps que sa lettre
de convocation, recevait la visite de son notaire. Le brave tabellion, qui de temps en temps achetait un journal à un sou, avait
lu tardivement la circulaire-avis de sir Walter et accourait de
toute la vitesse de son cheval chez le client qu'il avait
récemment éconduit.

— Je devine le motif qui vous amène, lui dit le maître
d'école ; vous avez eu peur du nouveau piège, et votre conscience
de notaire clairvoyant a dû vous enjoindre d'accourir et de me
crier gare ! Soyez rassuré, Monsieur, je ne bougerai pas.

— Au contraire, il faut bouger.

— Vrai ?

— Comment donc ! savez-vous que l'héritage se compte par
millions ?

— Mais l'oncle n'est pas mort !

— C'est tout comme ; il est assez vieux pour s'éteindre un
jour ou l'autre. On ne rit pas avec les millions.

— Cependant on ne peut pas aller dire à un oncle : Bonjour, l'ancien. Vos neveux, amenés par l'affection qu'ils vous portent, viennent voir s'il y a encore de l'huile dans votre lampe, et vous empêcher de faire des sottises.

— Vous n'entendez rien aux affaires. Si vous le désirez, je chargerai mon deuxième clerc de mener à bien celle-là.

— Merci ; j'aime mieux aller à Paris, si vous croyez qu'il soit utile de voir le député, notre cousin.

— Voici mille francs, partez et ne manquez pas le coche. Vous vous rappellerez que c'est à mes conseils que vous aurez dû cette aubaine, et je serai très-honoré de rester votre notaire.

— Dam! remarqua le maître d'école après le départ du tabellion, c'est pour de bon cette fois, puisqu'il s'est dérangé de sa personne pour m'apporter de l'argent qu'il pouvait me refuser. Je partirai tout de suite.

Oh ! le grand fascinateur que l'argent, même en perspective! Planchon n'eut qu'un mot à dire pour obtenir un congé de huit jours. Son maire, son inspecteur, je ne sais qui pardessus le marché, se firent un plaisir d'accéder à sa demande et lui serrèrent les mains avec effusion. S'il n'avait eu besoin que d'un jour pour aller enterrer un oncle pauvre, il eût peut-être obtenu sa permission, mais personne n'aurait songé à lui serrer la main.

Il avait trois lieues à parcourir pour arriver à la plus prochaine gare. Vous devinez qu'il monta sur son vélocipède et qu'il se fit remorquer par ses fils. Même il eut la pensée de se rendre à Paris dans cet équipage; mais, une fois au but, ses fils auraient gêné la liberté de ses mouvements, tout en occasionnant un fort surcroît de dépense.

A quelques heures d'intervalle, arrivaient, pour se trouver au rendez-vous, Mme Planchon-Planchon de Nemours, le mangeur de lièvres du Charme, le maître d'armes d'Orléans, l'officier de santé, l'aîné des quatre meuniers de Chignarville et le graveur de Vincennes.

Avec le journaliste, Mulot et le député, cela faisait dix Planchon réunis dans le restaurant du boulevard Saint-Martin.

Le lien de famille était relâché de telle façon entre tous ces descendants du grenadier de Sambre-et-Meuse, dont pourtant quelques-uns étaient frères entre eux, qu'on sembla, de commun accord, laisser de côté tous les sentiments de parenté pour traiter plus librement la question brûlante des millions de l'oncle Isaac.

Le député, qui présidait la réunion, déclara que les renseignements obtenus par lui de trois consuls américains confirmaient pleinement ce qu'on avait appris en dernier lieu de l'ancien *marcou* de Boynes-en-Gâtinais. L'oncle était puissamment riche là-bas, et jouissait d'une considération justement acquise par le savoir et les services rendus.

Alors on appela chacun à donner son avis sur la marche à suivre pour nouer des relations avec l'absent.

— Moi, dit Mulot, je n'ai rien qui m'oblige à rester en ce moment à Paris. Si vous voulez vous cotiser et me faire une certaine somme, j'irai comme votre ambassadeur auprès de l'oncle Isaac.

— On la connaît, celle-là! se hâta de répondre le graveur. C'est un crible d'un autre genre que tu voudrais bien placer.

— Opérons comme à la chambre, reprit le député. Je vais mettre aux voix la proposition d'envoyer en Amérique un de nous autres, comme délégué de la famille.

Le gros meunier se leva.

— Je demande la priorité, dit-il de sa petite voix flûtée, pour une proposition qui s'impose d'abord à notre attention. Si je ne me trompe, il manque ici deux intéressés. Je désire qu'on vote en premier lieu sur la question de savoir si nous opérons ici pour les absents comme pour nous. Au conseil général dont j'ai l'honneur de faire partie, ma voix est toujours écoutée.

Un vote sur la proposition du meunier décida que les absents auraient tort, et ne figureraient dans n'importe quelle démarche faite ou à faire auprès de l'oncle.

— Alors, exclama le député, René Bompart et Parfait

Planchon seront comme s'ils n'existaient pas. Cela résulte
d'un vote unanime. Maintenant déléguera-t-on l'un de nous?

Le scrutin décida la question par l'affirmative et à l'unanimité.

— Puisqu'il est admis qu'on déléguera l'un de nous, que ceux
qui désirent faire le voyage prennent la parole, dit le président.

— Aux voix! aux voix! cria-t-on.

J'ai dit qu'ils étaient là dix Planchon; je suis obligé
d'avouer qu'au premier tour chaque assistant eut une voix —
la sienne, il y a lieu de le penser, — et qu'au second tour il
se trouva dix bulletins blancs dans le chapeau du député.

Douce et affectueuse confiance!

— Alors, fit Mᵐᵉ Planchon-Planchon, qu'on opère autrement.
Les consciences ne sont point éclairées et flottent dans le vague.
Qu'on vote sur chacun de nous par rang d'âge, et celui qui
finalement aura réuni le plus de voix dans les dix scrutins
sera l'élu.

Un murmure favorable accueillit cette proposition, mais
après les dix scrutins, chacun eut dix voix!

Comment sortir de cette impasse? Tout le monde semblait
vouloir aller en Amérique, afin, sans doute, de voir l'oncle
et de se le rendre favorable.

— Cependant, fit Mulot, beaucoup d'entre nous ne sont
pas libres de s'absenter. Les uns sont retenus par des devoirs
impérieux, les autres par des intérêts. Je voudrais qu'il fût
bien entendu que ce voyage peut durer six mois.

— Est-ce que tu vas nous cribler de tes arguments, M. Mulot?
s'écria le graveur avec une pointe d'ironie.

— Ai-je la parole, oui ou non?

— Vous l'avez, répondit le président.

— Je dis donc que beaucoup d'entre vous ne sont pas libres
de s'absenter pendant six mois. L'instituteur, par exemple....

— Mon inspecteur me donnera l'année, s'il le faut.

— Ma cousine de Nemours a son commerce.

— J'ai un mari capable de me remplacer.

— Le maître d'armes ne peut quitter sa salle.

— Je suis retiré des affaires depuis huit jours. J'ai vendu.

— Le parent du Charme ne connaît pas les affaires.

— Ous qu'on t'a conté ça, toi, jeune homme ?

— Le médecin est retenu par sa clientèle, comme le graveur.

— Je demande qu'on lui retire la parole, s'écria Honoré Planchon.

— Et le journaliste ? qui le remplacera ?

— Ah ça, va-t-il se mêler de nos affaires, celui-là ? répondit aigrement l'homme des *faits divers*.

— Je ne dis rien du meunier, qui serait obligé de payer double place sur le paquebot.

— Ce parent est un galopin ! glapit le meunier.

— Alors nous resterions tous les deux ? fit le Député, que ces éliminations successives avaient mis en bonne humeur.

— Vous, mon cousin, moins qu'à tout autre, il vous est possible de quitter Versailles.

— Pourquoi donc ?

— Pour deux raisons : la première est que vous êtes payé pour siéger à la Chambre ; la deuxième, plus forte encore, c'est que vous feriez mentir votre profession de foi en vous occupant de notre oncle commun. Vous avez écrit et signé ce factum où il est dit que la famille n'existe pas, et que vous userez vos forces à combattre le préjugé qui la protège.

— Pas de politique ici, s'il vous plaît, riposta le président.

— Je reste donc le seul disponible.

— Il ne l'est même pas, interrompit le graveur. Ce neveu m'a volé, ce qui est vilain ; il a fait des faux, ce qui est pire, et s'il ne se désiste pas, je le fais arrêter devant vous.

Le président se leva.

— Mes chers parents, dit-il, tout ce qui vient d'avoir lieu provient d'une étude incomplète de la question. Nous serons peut-être obligés d'envoyer à l'oncle un mandataire à gages, étranger à la famille, puisqu'on ne peut s'entendre ; mais il nous appartient de décider ce qu'il faudra faire là-bas.

— Ramener le vieux ! fit le maître d'armes.

— Oui, d'abord. S'il refuse ?

Personne ne répondit.

— Eh bien, s'il refuse, m'est avis que le mandataire devra s'attacher à lui, comme son ombre, jusqu'à la mort, dit le député.

— Mais, objecta le journaliste, s'il lui prenait fantaisie de tester et de nous déshériter?

— On le ferait interdire, répondit le député. Ceci vous prouve qu'il faut avoir une parfaite connaissance des affaires pour se rendre en Amérique.

— Moi, je suis du Conseil général dans mon département, insinua le meunier.

— Ça ne prouve rien, murmurèrent plusieurs voix.

— J'ouvre un dernier avis, dit le président en se levant avec une certaine majesté. La question, je le répète, n'est pas suffisamment étudiée, et chacun de nous a besoin d'y réfléchir et de consulter son entourage. Prenons rendez-vous ici, le mois prochain, juste à la même date et sans autre convocation. Que ceux qui sont d'un avis contraire lèvent la main.... Personne? — A la contre-épreuve maintenant. Que ceux qui acceptent le rendez-vous lèvent la main.

Toutes les mains se levèrent avec ensemble.

Sans se donner le mot, tout ce monde avait entrevu le moyen de sortir de cette impasse.

Nous allons voir comment.

On était au 10 du mois; le 20 suivant, partait du Havre un paquebot pour New-York.

Le 19 dans l'après-midi, c'était une vraie procession de Planchon, jeunes et vieux, au consulat des Etats-Unis à Paris. Tous les intéressés que nous avons vus au restaurant du boulevard Saint-Martin, conduits par la même pensée, y étaient accourus pour avoir des renseignements, et s'il était possible, quelques recommandations.

Ceux qui n'avaient pas e de quoi payer le voyage, avaient trouvé des bailleurs de fonds, moyennant une large part dans l'héritage. Ces cas-là sont de ceux qui attirent et fascinent les gogos. Mulot, qui la veille n'aurait pas trouvé crédit pour la valeur d'un pain de quatre livres, avait réussi sans peine à se procurer deux billets de mille francs. Tous avaient le gousset ferré.

Quand je dis tous, je ne veux pas dire qu'aucun de ceux qui avaient répondu à l'appel du député ne manquait ce jour-là. Le maître d'école brillait par son absence.

Sa petite aveugle, ayant senti ce qu'il y avait d'odieux dans cette démarche, avait retenu son mari dans son école.

Mais vous pensez bien qu'un démon tentateur, sous la figure de son notaire, avait fait des efforts inouïs pour le décider à partir pour les Etats-Unis.

— Vous devancerez les autres, on ne saura même pas que vous êtes parti. Les héritages sont des mâts de cocagne. Le premier qui arrive décroche la timbale. Allez.

— Mon mari n'ira pas, Monsieur. Les mâts de cocagne ne sont pas le fait de tout le monde.

— Voulez-vous que j'envoie un clerc avec une procuration ?

— Avec quel argent ? demanda le maître d'école.

— A mes frais. Nous partagerons ensuite.

— Soit.

— Alors signez ce timbre, et je le remplirai.

Le maître d'école signa.

Voilà pourquoi, chez le consul, nous trouvons un jeune clerc à sa place.

Ils se rencontraient donc dix au pied du mât à la timbale, et je vous laisse à penser s'ils se regardèrent avec ahurissement. Dix !

Et tous les dix faisaient antichambre en attendant le consul qui allait les recevoir.

Le chancelier, qui rentrait d'une course, demanda ce qu'on voulait au consul.

— Nous sommes tous les parents du docteur Isaac Planchon, connu là-bas sous le nom de colonel Isaac, répondit le député. Nous venions solliciter quelques renseignements sur le compte de notre oncle.

— Vous allez les avoir d'un mot et aussi complets que vous puissiez le désirer : le colonel est à Paris.

Mouvement de stupéfaction dans la bande.

— Vous êtes certain de sa présence ici ? demanda Mulot.

— Très-certain ; je dîne avec lui ce soir.

XIX

Epilogue.

Six semaines après ce que je viens de raconter, une calèche arrivait à Marolles, et sans demander aucune indication à personne, le cocher s'arrêtait court devant la porte du tisserand Parfait Planchon. Celui-ci sortait de sa maison avec deux pots de fleurs dans les bras. Saisi d'étonnement à la vue de cette voiture qui stationnait là depuis un quart de minute, il ne tarda pas à se dire que la visite n'était pas pour sa modeste personne, et il allait s'éloigner, quand une voix, qu'il se souvint d'avoir entendue déjà, lui dit avec le plus cordial accent :

— Je devine où vous allez, M. Parfait, veuillez prendre place à côté de moi.

Parfait, s'étant retourné, avait reconnu le monsieur qu'il avait, en effet, vu récemment le jour où l'on conduisait son beau-père à sa dernière demeure.

— Merci, dit-il avec une timidité d'enfant, je n'oserais vous embarrasser à ce point.

— Montez, montez. Nous irons au cimetière ensemble. Dans cet acte de piété filiale, nous ne serons pas de trop. Venez.

Parfait aperçut, dans le fond de la voiture, à côté du vieillard, une jeune femme radieuse, qui tenait sur ses genoux un bébé déjà grandelet profondément endormi. En face était un jeune homme auquel le vieillard s'adressa familièrement, disant :

— René, veuillez prendre une de ces fleurs.

Parfait monta, rougissant, et la voiture prit le chemin du

cimetière. L'acte de piété filiale accompli, on revint chez le tisserand, qui n'avait pas même cherché à savoir ce qu'on lui voulait.

— Vous n'avez pas répondu, M. Parfait, aux deux lettres
que vous avez dû recevoir cette semaine de sir Walter. Je
viens chercher la réponse.

— Vous me voyez bien embarrassé, Monsieur; je n'ai
vraiment rien à vous dire.

— Mais la première fois, vous vous êtes bien dérangé.

— C'était tout autre chose. On me parlait d'un vieil oncle
malade et pauvre, et j'allais offrir de partager avec lui ma
modeste demeure et le morceau de pain qui m'est resté. Mais
que voulez-vous, Monsieur; il paraît que c'était une histoire,
et je m'en réjouis : l'oncle est riche et se porte bien. Il est en
Amérique, dit une lettre du cousin le député; il est à Paris,
disent les deux lettres de sir Walter. L'oncle est riche et
doit tenir grand rang. A quoi bon s'en aller l'attrister par le
spectacle de notre misère et de nos figures de paysans?

La jeune femme regardait cet honnête tisserand avec des
larmes plein les yeux. Elle fit un mouvement en avant aussitôt
réprimé. Bébé, qui ne comprenait rien à cette scène, était
grimpé sur une chaise. Il tendit en riant ses deux bras
potelés à l'homme en tablier de cuir.

— Bébé a toujours raison, dit le colonel; il trouve que cette
scène a déjà trop duré. Parfait, donnez-moi la main, je suis
le vieil oncle! Embrassez madame, la digne femme de votre
cousin. Allons, pas d'émotions, pas de faiblesses.... Nous
sommes parents, quoi donc!

Et l'excellent vieillard pleurait....

— Tu sais que je t'emmène, Parfait?

— Oh! Monsieur, vous n'y pensez pas!

— Je t'emmène, n'est-ce pas, René?

— C'est convenu.

— Oh! merci, je n'oserais vous suivre.

— Mais vous êtes tous les trois mes héritiers.... Je ne vous
lâche plus. Tu sais bien que tu seras millionnaire, toi, tisserand! millionnaire comme les Bompart, comme Bébé!

— C'est que, voyez-vous.... J'ai ma mère ici.... Pauvre femme, il m'en coûterait trop de la quitter! Moi absent, c'est fini, elle ne reverrait plus personne. Et puis, à mon âge, on a pris son pli pour le reste de l'existence; je ne saurais pas être riche....

— Tu refuses ma fortune ?

— Pas tout. Nous avons d'autres parents pauvres. Ce qui m'arrivera sera le bienvenu. Nous avons ici des pauvres et des malades. L'église est en ruines. Oh! mais, je ne refuse rien! Seulement, je vous ferais honte à Paris, et je m'ennuierais de ne point voir ma mère.

Mᵐᵉ Bompart se jeta au cou du tisserand.

— Vous avez raison, dit-elle, et Dieu veuille me donner un fils qui pense un jour comme vous!

. . . .

Le maître d'école avait reçu quelques milliers de francs pour s'amuser avec ses inventions. Ses six enfants étaient dotés, et la mère aveugle avait reçu comme cadeau personnel un titre de rentes de dix mille francs. Les autres, rien.

Ces jours derniers, le député Planchon faisait encore une conférence sur le partage des biens, et appuyait particulièrement sur cette chanterelle : que la famille est un préjugé venu des temps d'ignorance.

Pendant ce temps-là, le colonel, qui connaissait peu la France, voyageait en amateur avec René Bompart, sa jeune femme et Bébé. Parfait n'a point quitté Marolles, mais chaque semaine il fait visite à sa famille. Peut-être, comme tenue, ne saura-t-il jamais être riche; mais comme il a le cœur ouvert et qu'il sait trouver la misère, même celle qui se cache le plus! Et le colonel, qui a soixante-dix ans, ne demande plus qu'une vingtaine d'années d'une pareille existence en famille. Il voudrait pouvoir marier Bébé.

Après comme après.

FIN

TABLE

— Lille Typ. J. Lefort 1877 —

www.ingramcontent.com/pod-product-compliance
Lightning Source LLC
Chambersburg PA
CBHW031325210326

41519CB00048B/3240